教育部高职高专规划教材

建筑
制图与识图
习题集

寇方洲 罗琳 陈扶云 周浩 编

化学工业出版社

·北京·

图书在版编目（CIP）数据

建筑制图与识图习题集/寇方洲等编．—北京：化学工业出版社，
2006.11（2022.1 重印）
教育部高职高专规划教材
ISBN 978-7-5025-9502-9

Ⅰ．建…　Ⅱ．寇…　Ⅲ．建筑制图-识图法-高等学校：技术学院-习题
Ⅳ．TU204-44

中国版本图书馆 CIP 数据核字（2006）第 135555 号

责任编辑：王文峡　　　　　　　　文字编辑：张燕文
责任校对：陈　静　　　　　　　　装帧设计：尹琳琳

出版发行：化学工业出版社（北京市东城区青年湖南街 13 号　邮政编码 100011）
印　　　装：北京科印技术咨询服务有限公司数码印刷分部
开本 787mm×1092mm　1/16　印张 8　字数 106 千字　　2022 年 1 月北京第 1 版第 14 次印刷

购书咨询：010-64518888　　售后服务：010-64518899
网　　址：http://www.cip.com.cn
凡购买本书，如有缺损质量问题，本社销售中心负责调换。

定价：25.00 元

出 版 说 明

　　高职高专教材建设工作是整个高职高专教学工作中的重要组成部分。改革开放以来，在各级教育行政部门、有关学校和出版社的共同努力下，各地先后出版了一些高职高专教育教材。但从整体上看，具有高职高专教育特色的教材极其匮乏，不少院校尚在借用本科或中专教材，教材建设落后于高职高专教育的发展需要。为此，1999 年教育部组织制定了《高职高专教育专门课课程基本要求》（以下简称《基本要求》）和《高职高专教育专业人才培养目标及规格》（以下简称《培养规格》），通过推荐、招标及遴选，组织了一批学术水平高、教学经验丰富、实践能力强的教师，成立了"教育部高职高专规划教材"编写队伍，并在有关出版社的积极配合下，推出一批"教育部高职高专规划教材"。

　　"教育部高职高专规划教材"计划出版 500 种，用 5 年左右时间完成。这 500 种教材中，专门课（专业基础课、专业理论与专业能力课）教材将占很高的比例。专门课教材建设在很大程度上影响着高职高专教学质量。专门课教材是按照《培养规格》的要求，在对有关专业的人才培养模式和教学内容体系改革进行充分调查研究和论证的基础上，充分汲取高职、高专和成人高等学校在探索培养技术应用型专门人才方面取得的成功经验和教学成果编写而成的。这套教材充分体现了高等职业教育的应用特色和能力本位，调整了新世纪人才必须具备的文化基础和技术基础，突出了人才的创新素质和创新能力的培养。在有关课程开发委员会组织下，专门课教材建设得到了举办高职高专教育的广大院校的积极支持。我们计划先用 2～3 年的时间，在继承原有高职高专和成人高等学校教材建设成果的基础上，充分汲取近几年来各类学校在探索培养技术应用型专门人才方面取得的成功经验，解决新形势下高职高专教育教材的有无问题；然后再用 2～3 年的时间，在《新世纪高职高专教育人才培养模式和教学内容体系改革与建设项目计划》立项研究的基础上，通过研究、改革和建设，推出一大批教育部高职高专规划教材，从而形成优化配套的高职高专教育教材体系。

　　本套教材适用于各级各类举办高职高专教育的院校使用。希望各用书学校积极选用这批经过系统论证、严格审查、正式出版的规划教材，并组织本校教师以对事业的责任感对教材教学开展研究工作，不断推动规划教材建设工作的发展与提高。

教育部高等教育司

前　言

　　制图与识图是一门实践性较强的技术基础课，既要重视理论知识的学习，又要加强实际训练，才能掌握和巩固所学的知识，提高制图和识图能力。

　　本书是与教育部高职高专规划教材《建筑制图与识图》配套使用的习题集，其内容与教材呼应。在编写本习题集时，力求做到精选题例、数量适度、难度相宜。通过练习，可帮助掌握课程的基本知识和基本技能。练习时要求做到线型标准、字体端正、标写清楚、图面整洁。

　　由于水平所限，书中难免有不妥与疏漏之处，恳请批评指正。

编者

2006 年 9 月

目 录

建筑制图设计说明总平面立剖详东西南北房屋基

础墙柱梁挡板楼梯框架承重结构门窗阳台雨篷勒

脚散坡沟洞槽材料强度水泥砂石钢筋混凝土灰浆

字体练习（一）　　班级　　姓名　　日期　　1

ABCDEFGHIJKLMNOP

QRSTUVWXYZ

abcdefghijklmnopqr

stuvwxyz

1234567890IVXØ

ABCabc123IVØ   75°

| 字体练习（二） | 班级 | | 姓名 | | 日期 | | 2 |

用 A4 图幅，比例 1∶1，铅笔抄绘，要求线型分明，交接正确，注写认真。

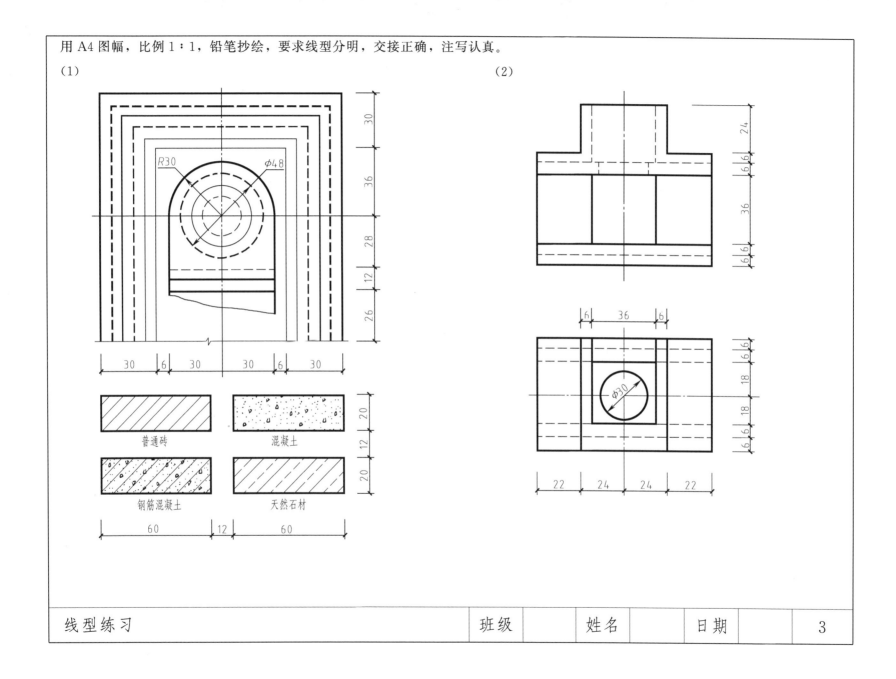

（1）

（2）

| 线型练习 | | 班级 | | 姓名 | | 日期 | | 3 |

用 A3 幅面，1：1 的比例，铅笔绘制仪器图，要求线型光滑，作图正确。

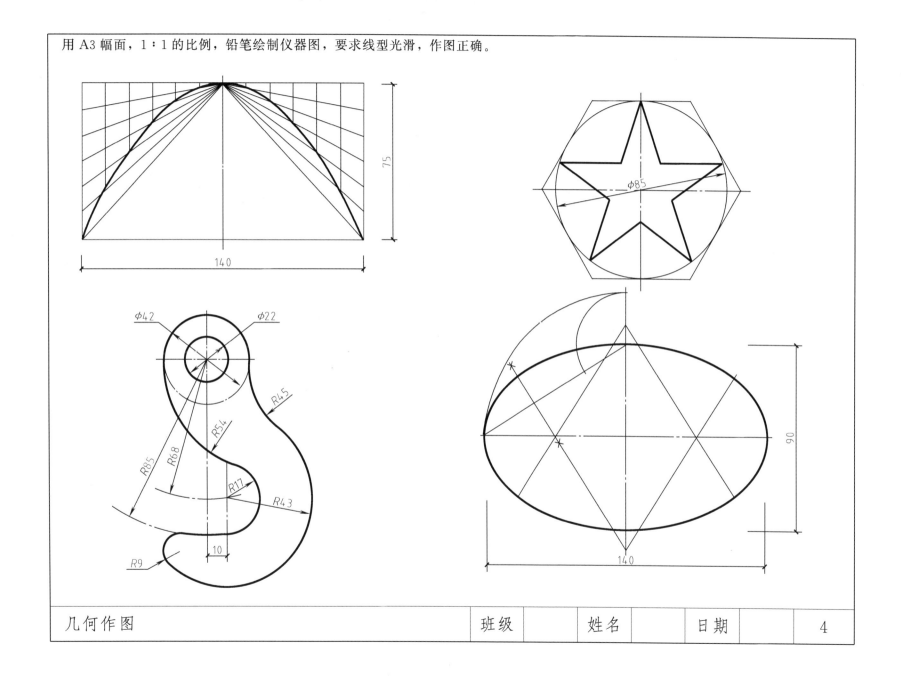

| 几何作图 | | 班级 | | 姓名 | | 日期 | | 4 |

根据立体图找投影图。

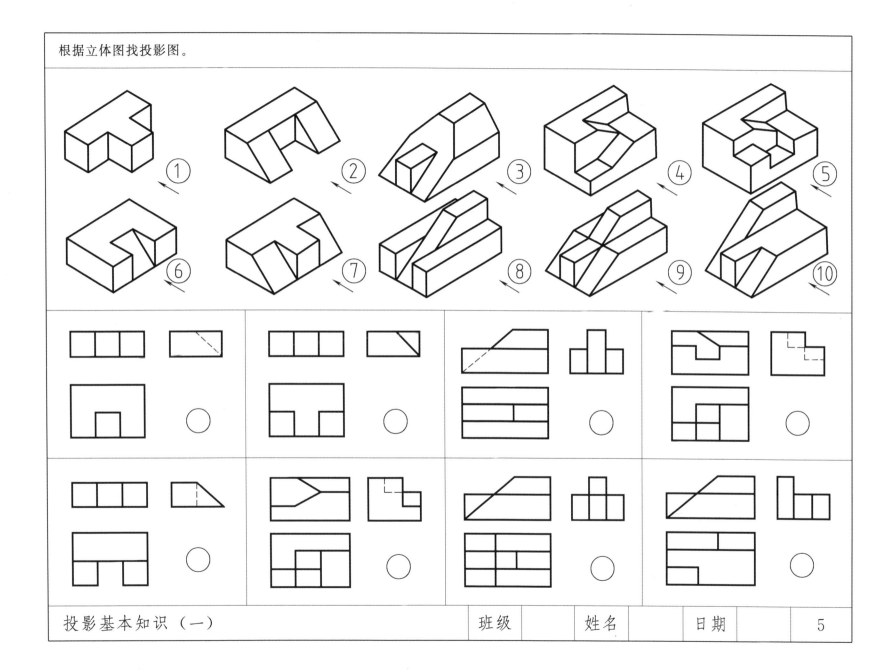

补绘基本形体的第三投影。

（1）

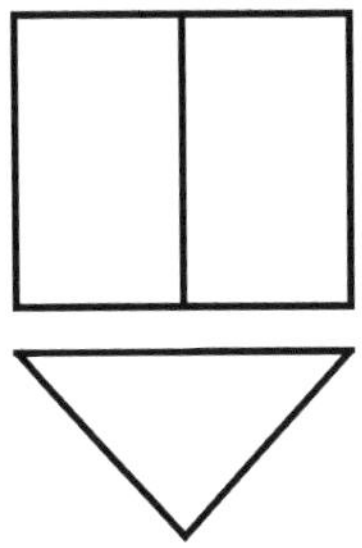

（2）

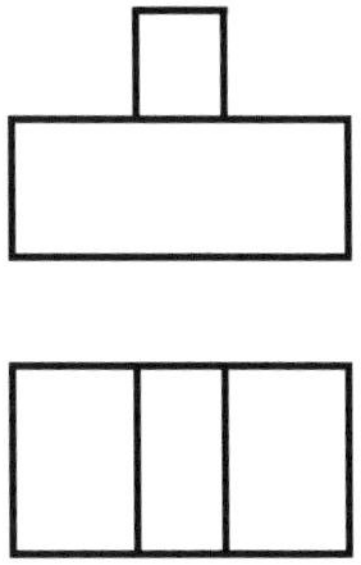

（3）

（4）

（5）

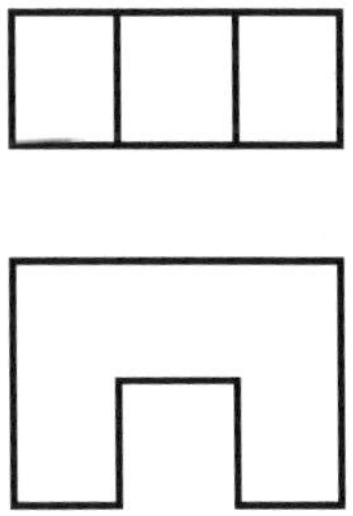

（6）

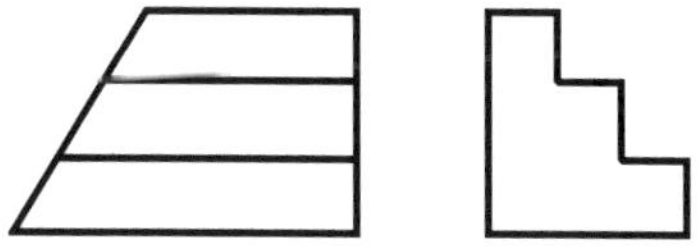

（7）

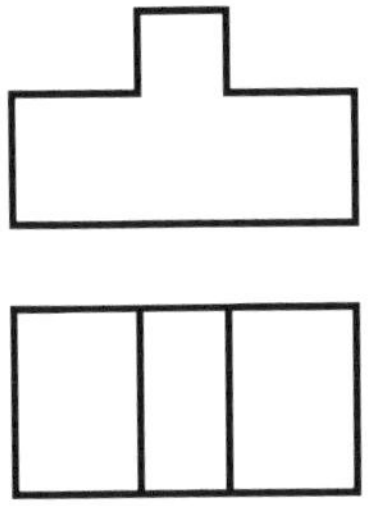

（8）

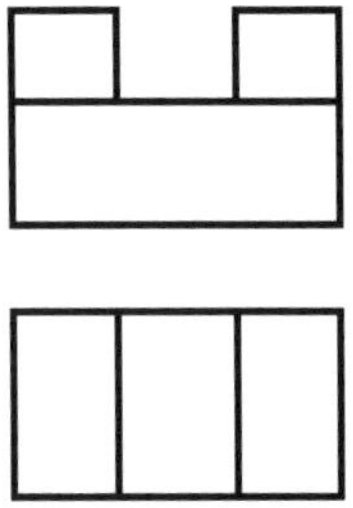

（9）

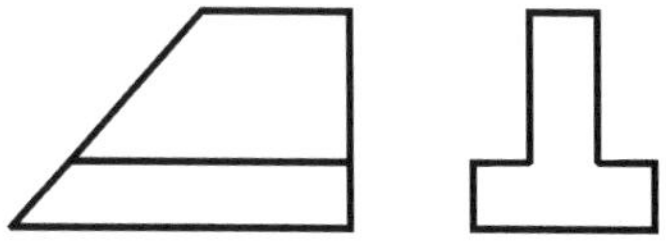

1. 根据直观图，作出 A、B、C、D 四点的三面投影图，并量出它们到 H、V、W 三投影面的距离（单位为 mm）。

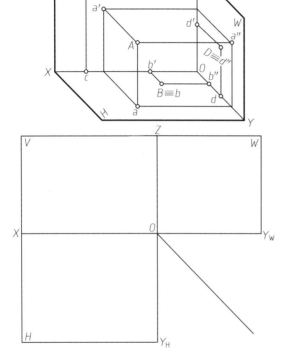

点	到 H 面距离	到 V 面距离	到 W 面距离
A			
B			
C			
D			

2. 已知各点的两面投影，补求第三面投影。

（1）

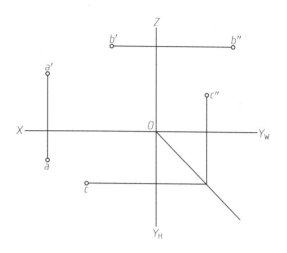

（2）

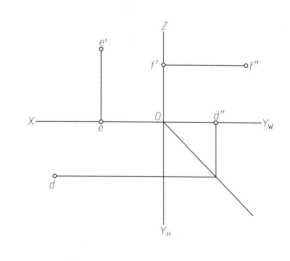

点 的 投 影 （一）　　　班 级　　　姓 名　　　日 期　　　7

3. 比较 A、B 两点的相对位置。

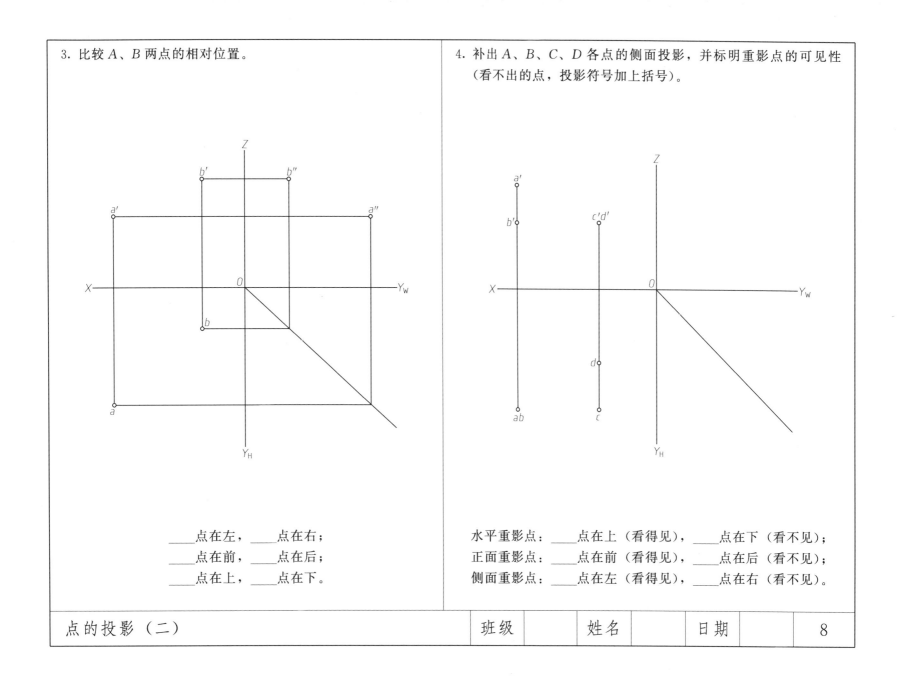

___点在左, ___点在右;

___点在前, ___点在后;

___点在上, ___点在下。

4. 补出 A、B、C、D 各点的侧面投影, 并标明重影点的可见性 (看不出的点, 投影符号加上括号)。

水平重影点: ___点在上 (看得见), ___点在下 (看不见);

正面重影点: ___点在前 (看得见), ___点在后 (看不见);

侧面重影点: ___点在左 (看得见), ___点在右 (看不见)。

| 点的投影 (二) | | 班级 | | 姓名 | | 日期 | | 8 |

1. 已知线段两端点 A、B，完成 AB 线段的直观图和三面投影图。

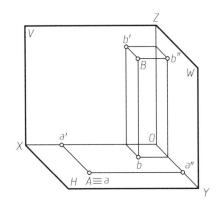

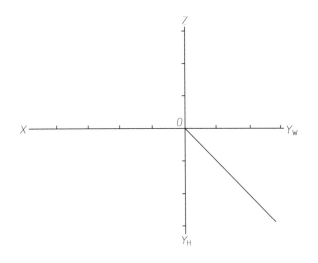

2. 指出三棱锥各棱线都是何种线段，并指出实长投影和积聚投影。

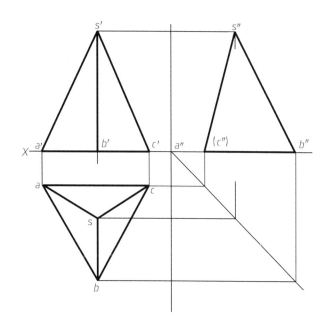

线　段	线段种类	投 影 特 性	
		实长投影	积聚投影
AB（示例）	水平线	ab	无
BC			
AC			
SA			
SB			
SC			

| 直线的投影（一） | 班级 | | 姓名 | | 日期 | | 9 |

3. 补出各线段的第三投影，并注明是何种线段。

（1）

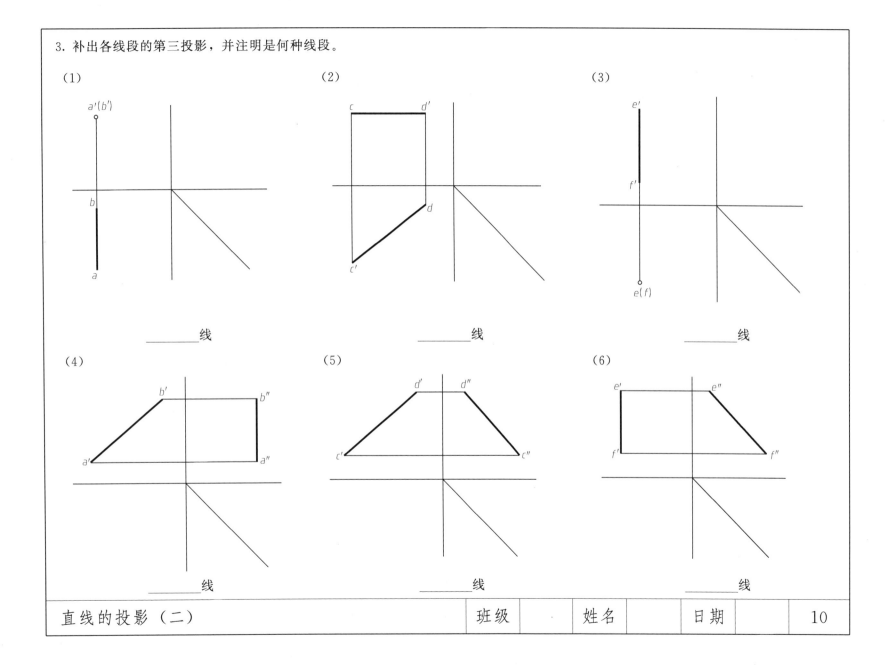

_____线

（2）

_____线

（3）

_____线

（4）

_____线

（5）

_____线

（6）

_____线

| 直线的投影（二） | 班级 | 姓名 | 日期 | 10 |

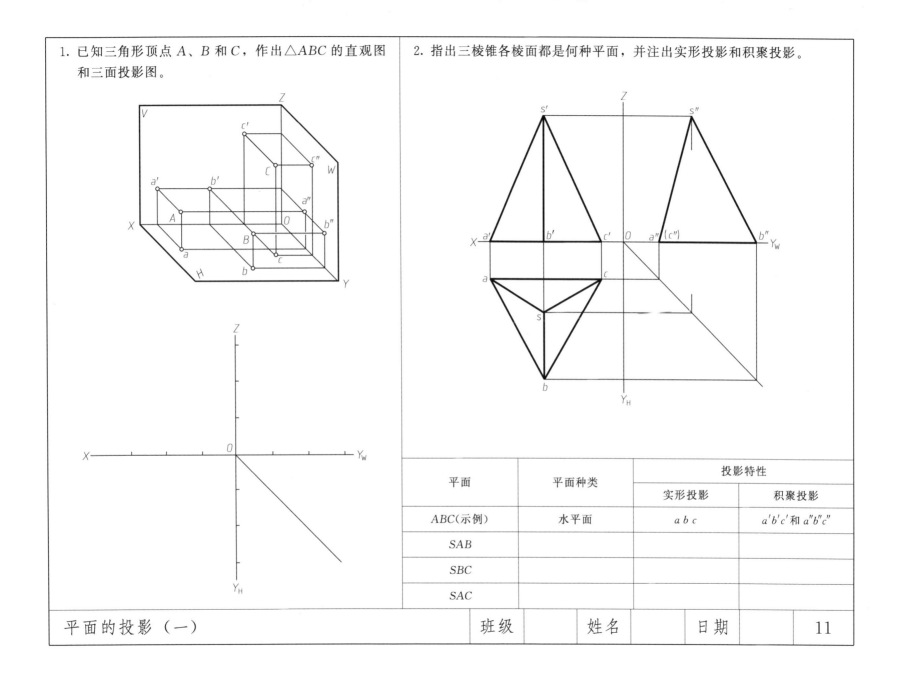

1. 已知三角形顶点 A、B 和 C，作出 △ABC 的直观图和三面投影图。

2. 指出三棱锥各棱面都是何种平面，并注出实形投影和积聚投影。

平面	平面种类	投影特性	
		实形投影	积聚投影
ABC(示例)	水平面	a b c	a'b'c' 和 a″b″c″
SAB			
SBC			
SAC			

平面的投影（一）		班级		姓名		日期		11

3. 补出各平面形的第三投影，并注明是何种平面。

(1)

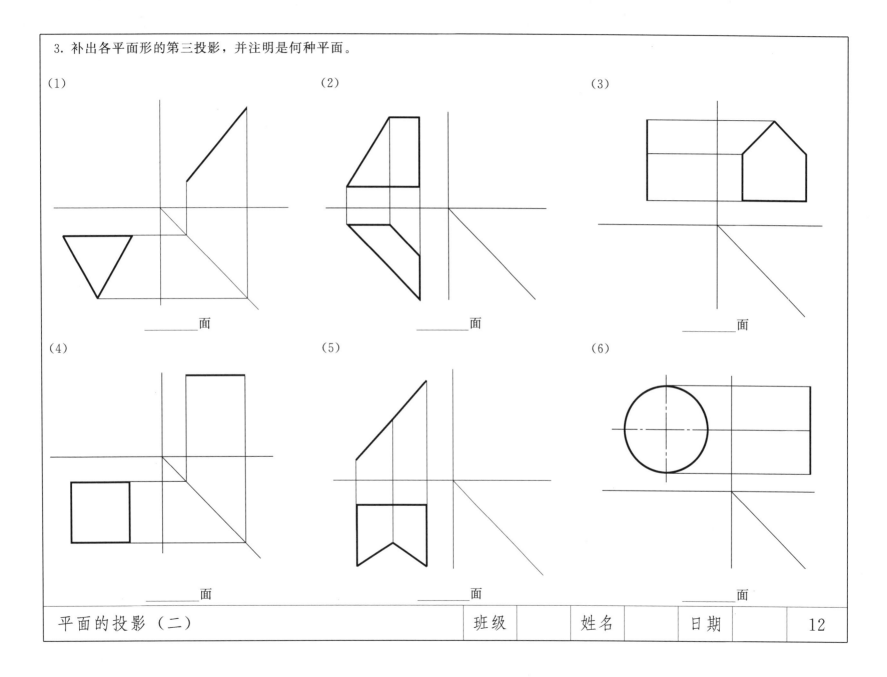

_____面

(2)

_____面

(3)

_____面

(4)

_____面

(5)

_____面

(6)

_____面

| 平面的投影（二） | 班级 | | 姓名 | | 日期 | | 12 |

作出平面立体表面上点和线的另两个投影，并补出第三投影图。

（1）

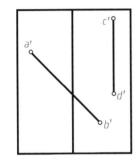

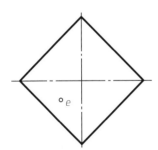

（2）

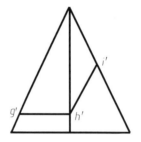

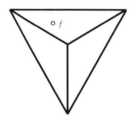

| 平面立体的投影（一） | 班级 | | 姓名 | | 日期 | | 13 |

作出平面立体表面上点的另两个投影，并补出第三投影图。

（1）

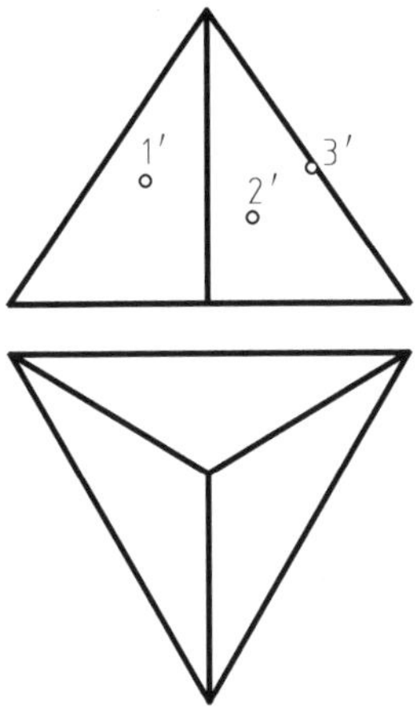

（2）

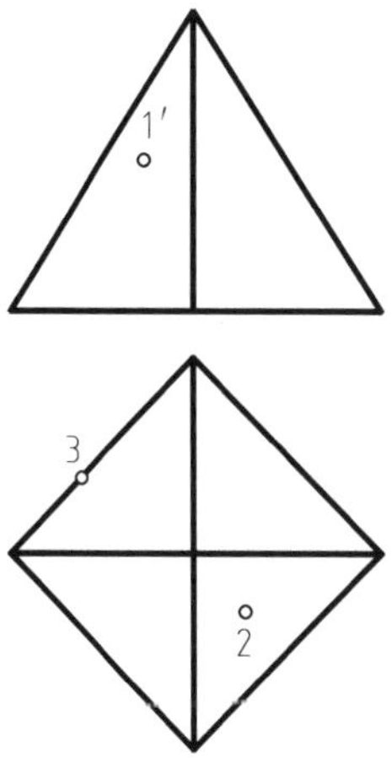

（3）

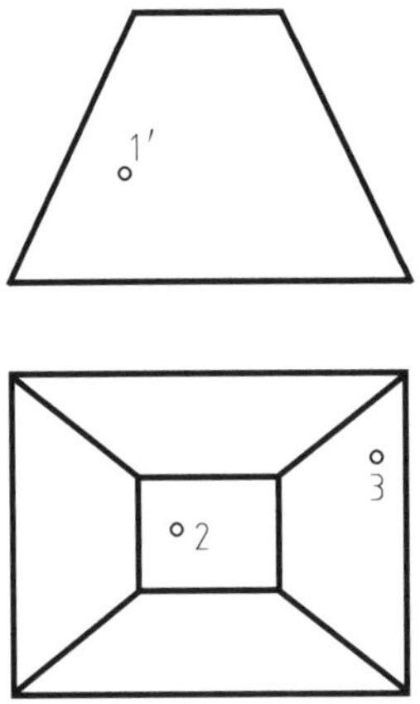

（4）

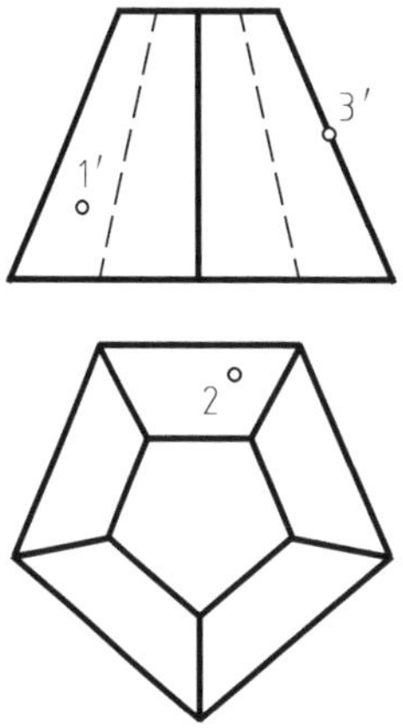

| 平面立体的投影（二） | 班级 | | 姓名 | | 日期 | | 14 |

作出曲面立体表面上点和线的另两个投影。

（1）

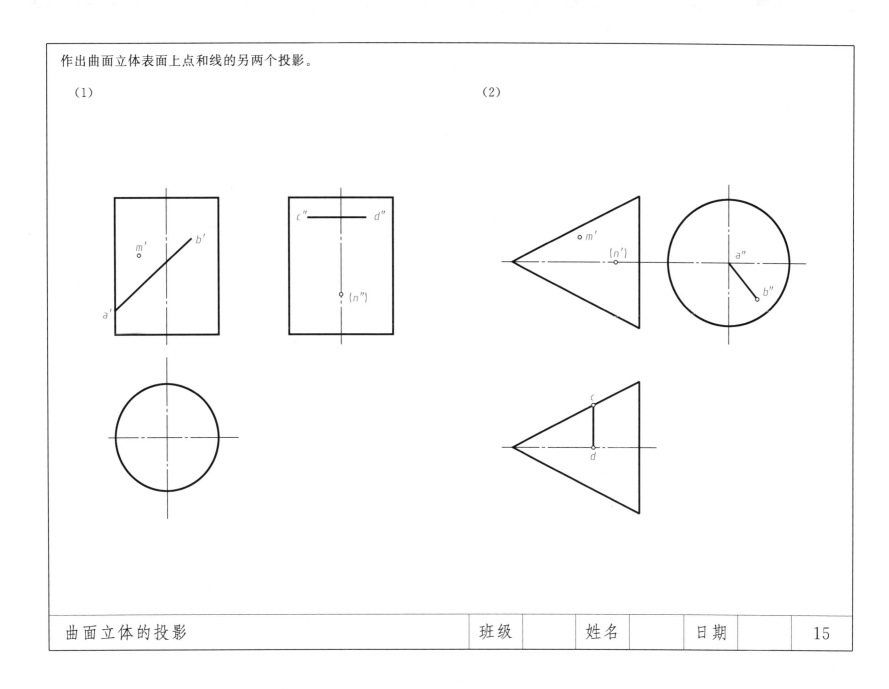

（2）

(1)

26
6
18
8
12
16
20

(2)

30
4
6
4
15
7
6
8
4
8
7
20
4

(3)

5
5
R15
7
20
5
3
20
25

(4)

φ40
10
20
10
5
5

(1)

(2)

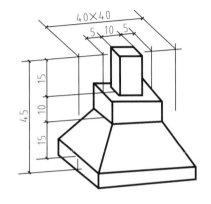

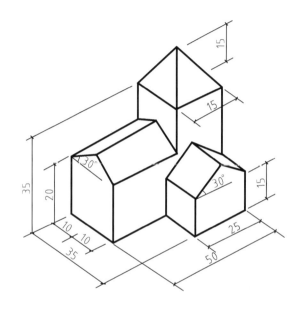

组合体投影（二）	班级		姓名		日期		17

根据模型徒手作正投影草图；根据草图绘仪器图，并标注尺寸（比例 1∶1）。

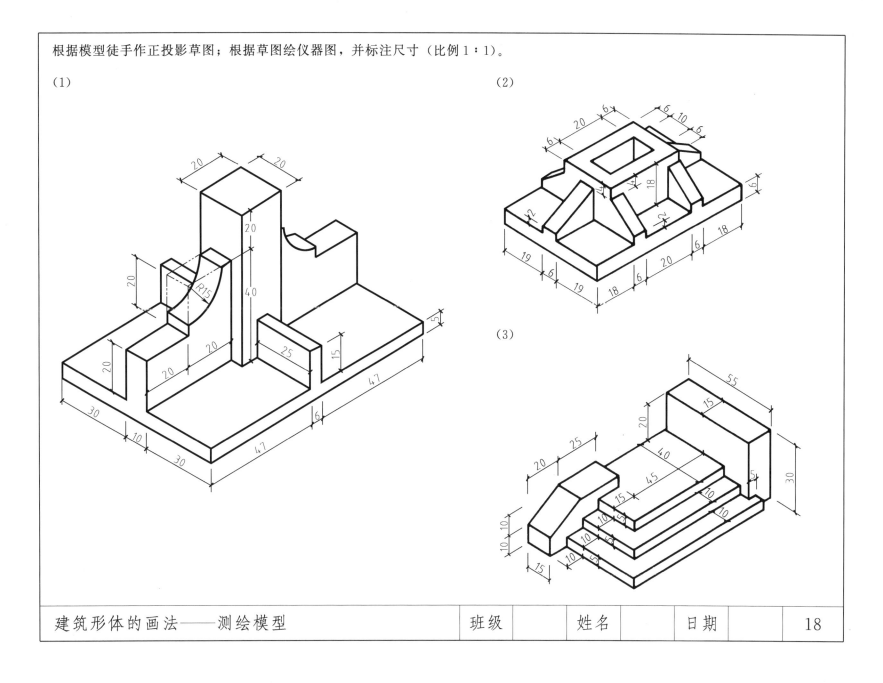

(1)

(2)

(3)

建筑形体的画法——测绘模型

| 班级 | | 姓名 | | 日期 | | 18 |

补出三投影中缺画的图线。

（1）

（2）

（3）

（4）

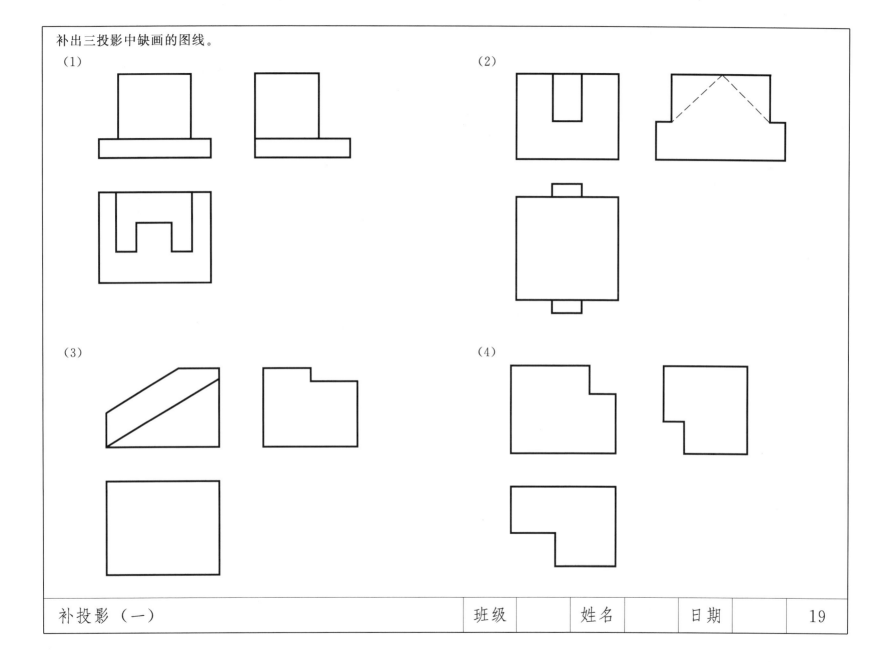

补投影（一）　　　　　班级　　　姓名　　　日期　　　19

根据组合体的两投影，补出第三投影。

（1）

（2）

（3）

（4）

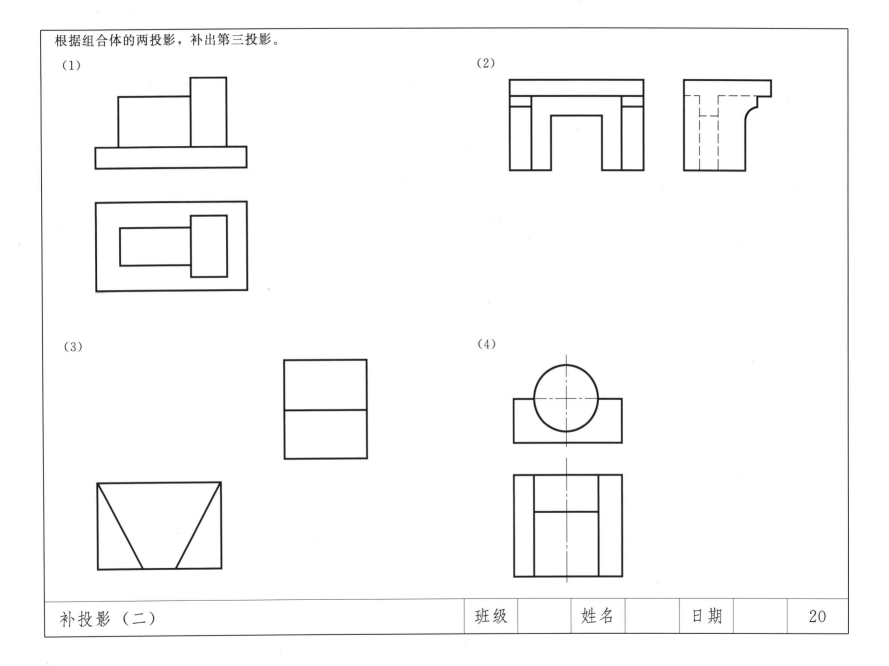

补投影（二） | 班级 | 姓名 | 日期 | 20

根据组合体的两投影，补出第三投影。

(1)

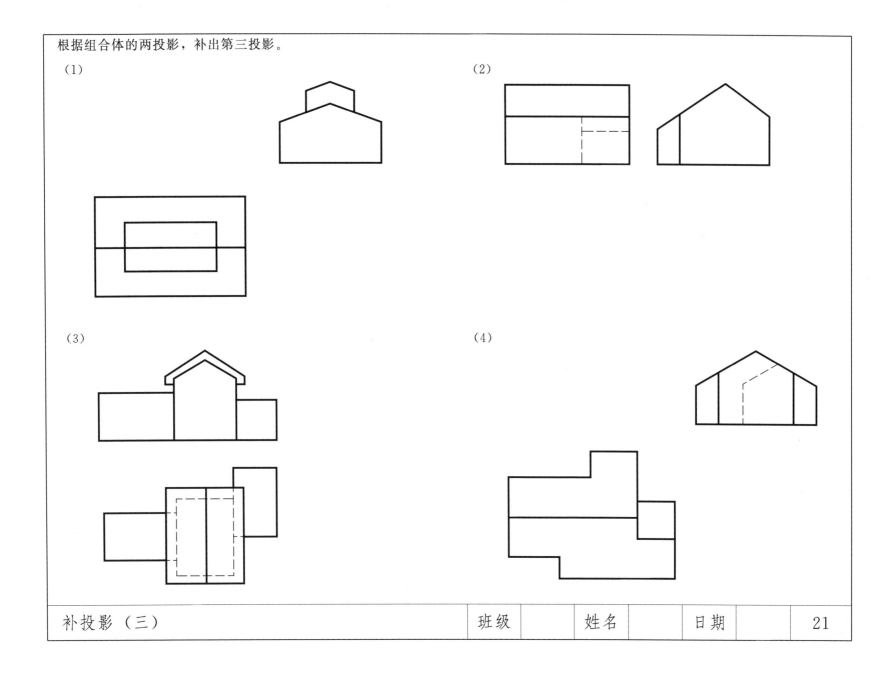

(2)

(3)

(4)

| 补投影（三） | | 班级 | | 姓名 | | 日期 | | 21 |

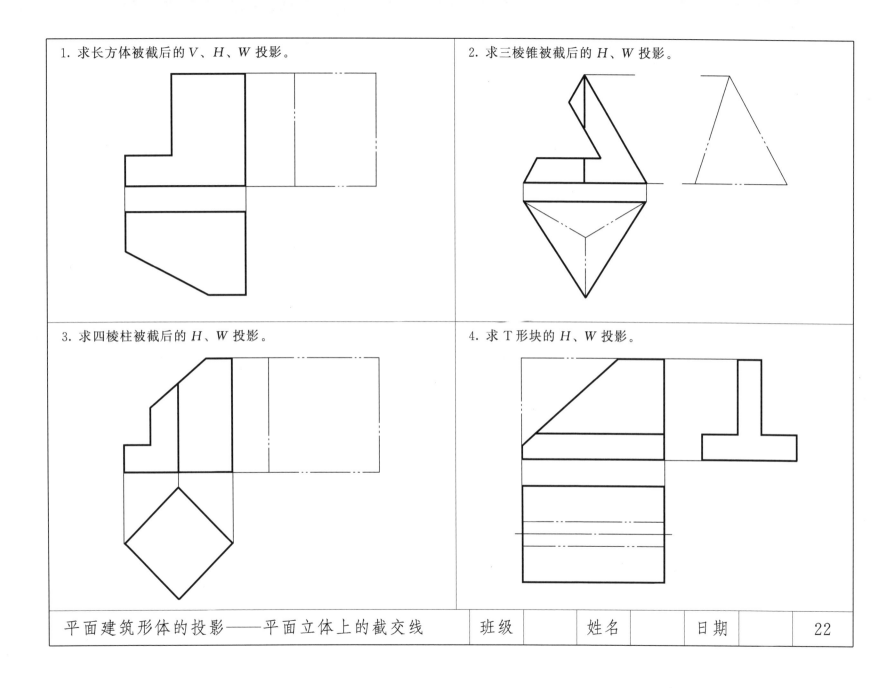

1. 求长方体被截后的 *V*、*H*、*W* 投影。

2. 求三棱锥被截后的 *H*、*W* 投影。

3. 求四棱柱被截后的 *H*、*W* 投影。

4. 求 T 形块的 *H*、*W* 投影。

平面建筑形体的投影——平面立体上的截交线

| 班级 | | 姓名 | | 日期 | | 22 |

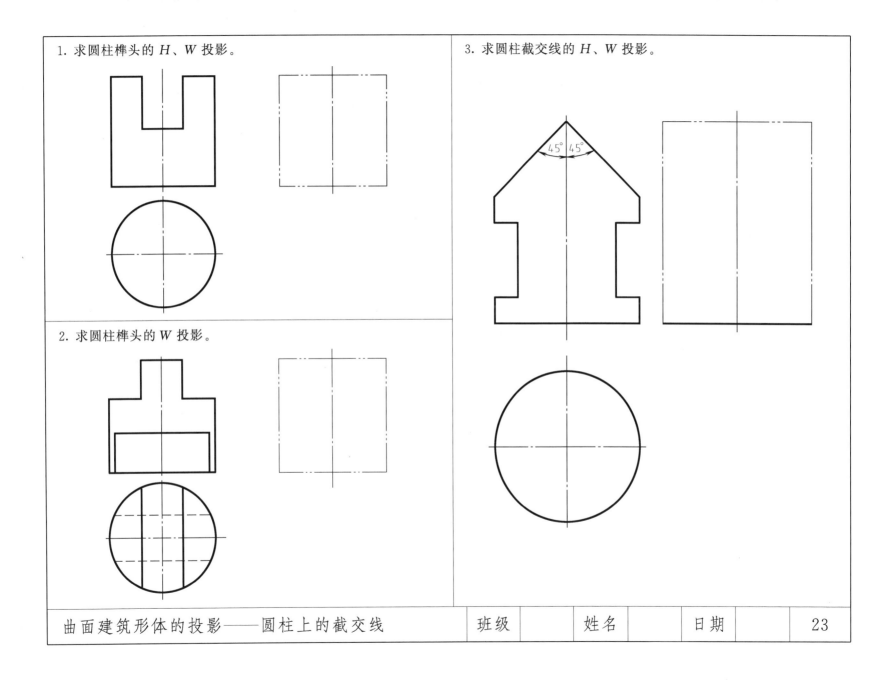

1. 求圆柱榫头的 *H*、*W* 投影。

2. 求圆柱榫头的 *W* 投影。

3. 求圆柱截交线的 *H*、*W* 投影。

45° 45°

曲面建筑形体的投影——圆柱上的截交线

| 班级 | | 姓名 | | 日期 | | 23 |

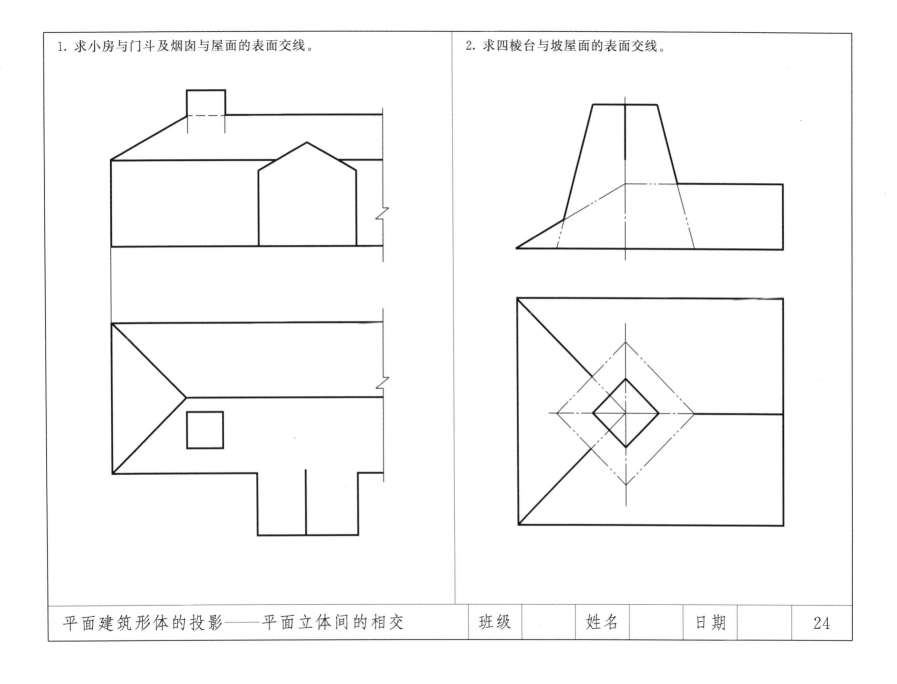

1. 求小房与门斗及烟囱与屋面的表面交线。

2. 求四棱台与坡屋面的表面交线。

平面建筑形体的投影——平面立体间的相交

| 班级 | | 姓名 | | 日期 | | 24 |

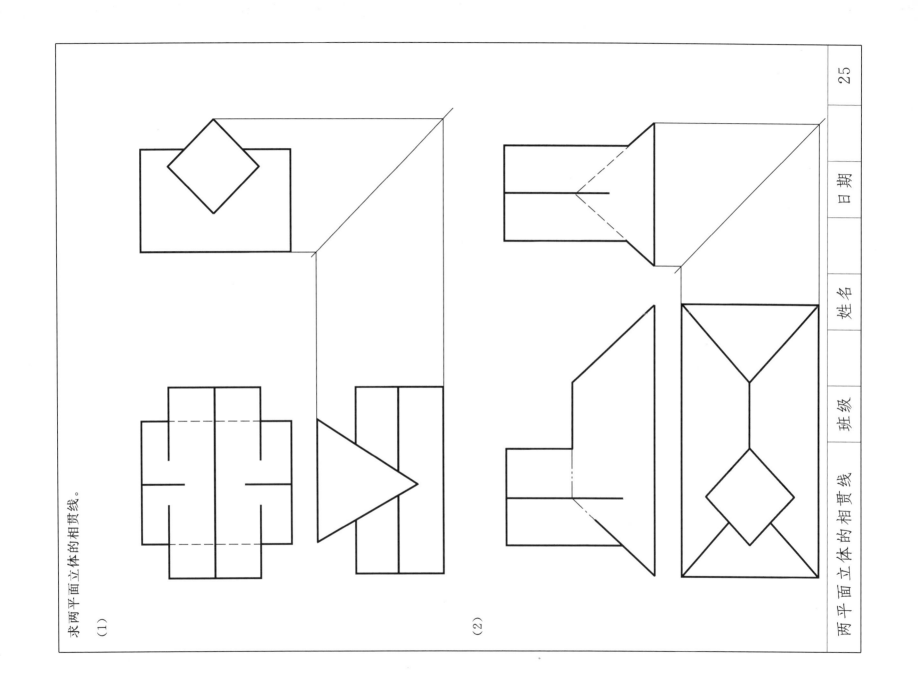

求两平面立体的相贯线。

(1)

(2)

日 期

姓 名

班 级

两 平 面 立 体 的 相 贯 线

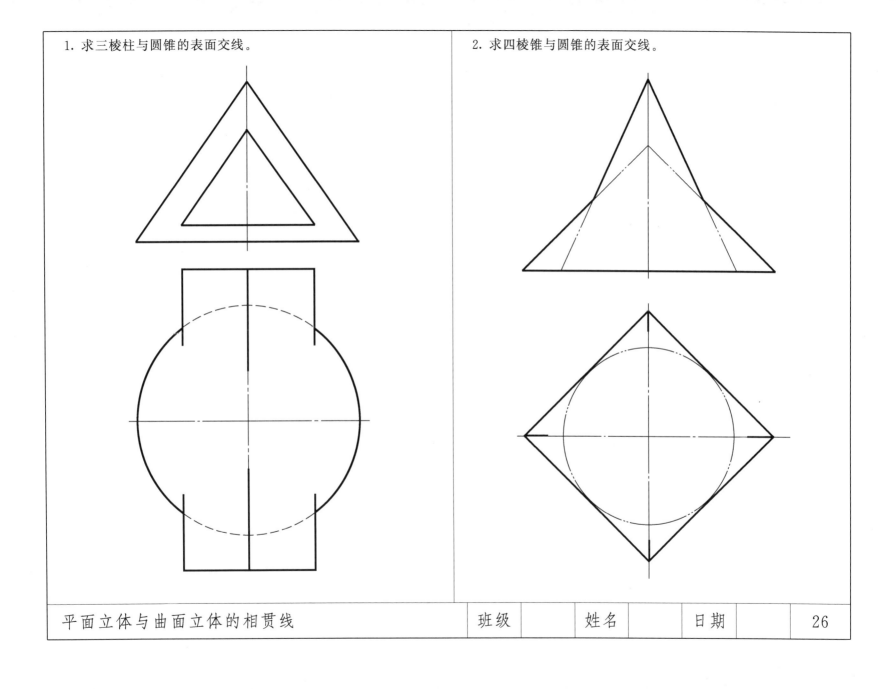

1. 求三棱柱与圆锥的表面交线。

2. 求四棱锥与圆锥的表面交线。

平面立体与曲面立体的相贯线

班级　　　姓名　　　日期　　26

作出下列各形体的正等测图。

(1)

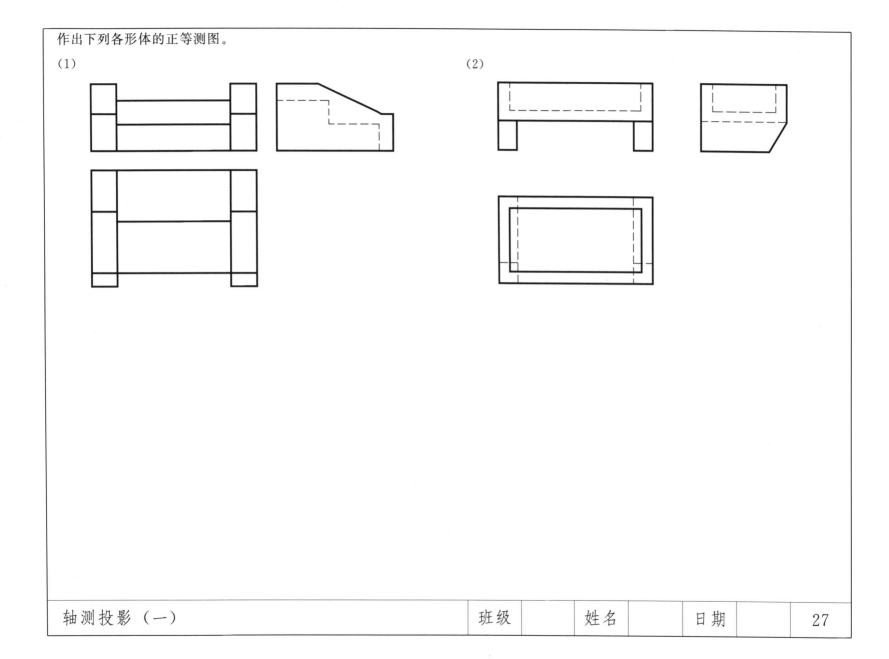

(2)

作出下列各形体的斜二测图。

(1)

(2)

(3)

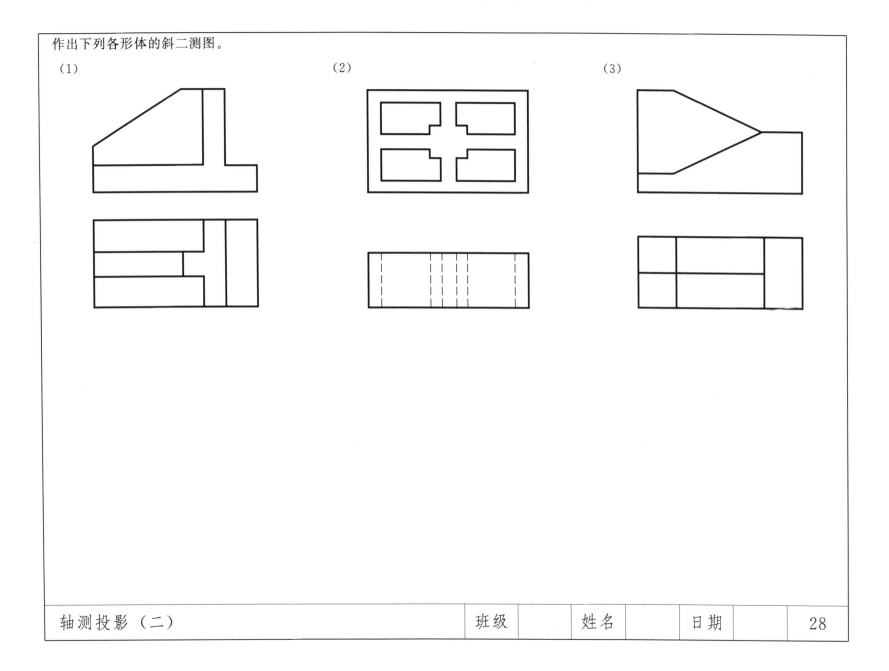

作正二测图。

(1)

(2)

(3)

根据正投影图，画出正等测图。

(1)

(2)

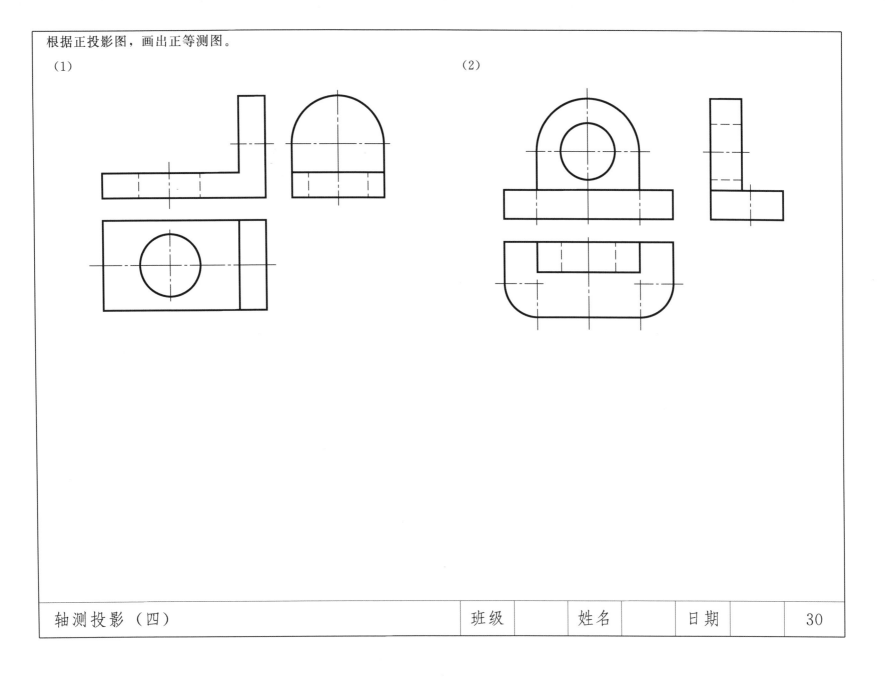

轴测投影（四） | 班级 | 姓名 | 日期 | 30

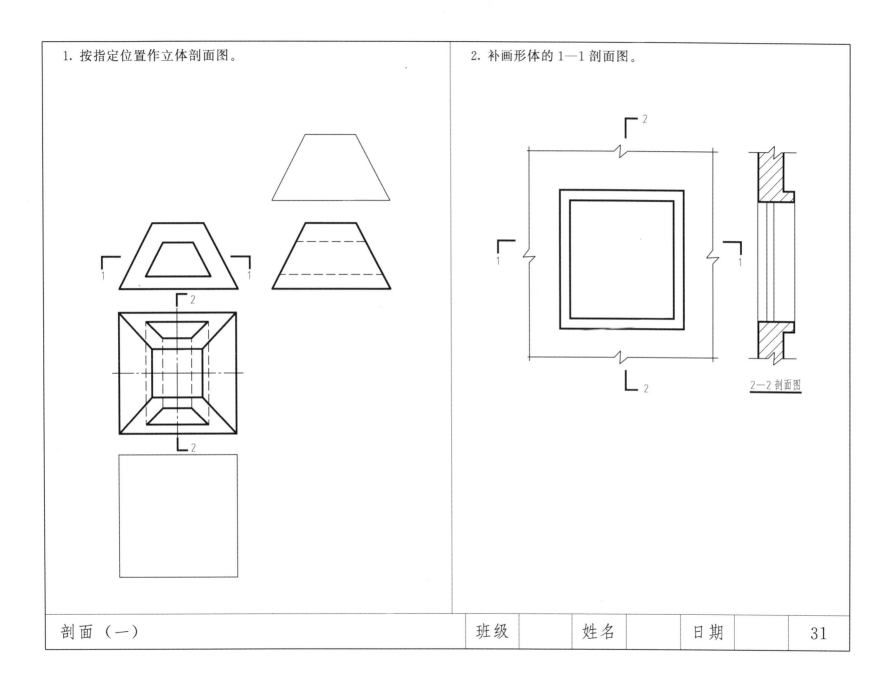

1. 按指定位置作立体剖面图。

2. 补画形体的 1—1 剖面图。

2—2 剖面图

剖面（一）　　　　班级　　　姓名　　　日期　　　31

绘出 1—1 剖面图。

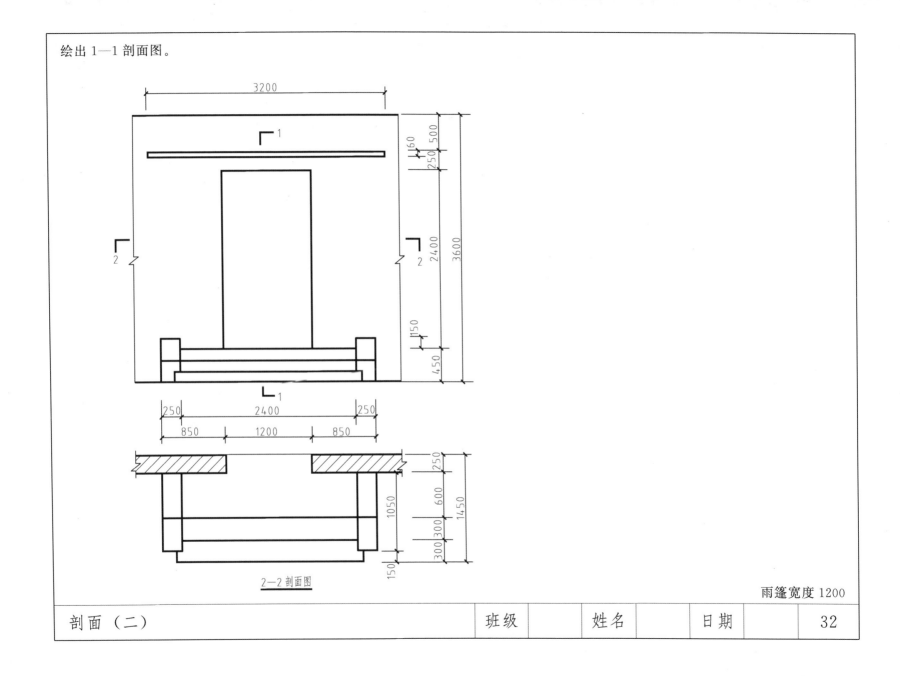

2—2 剖面图

雨篷宽度 1200

剖面（二）　　班级　　姓名　　日期　　32

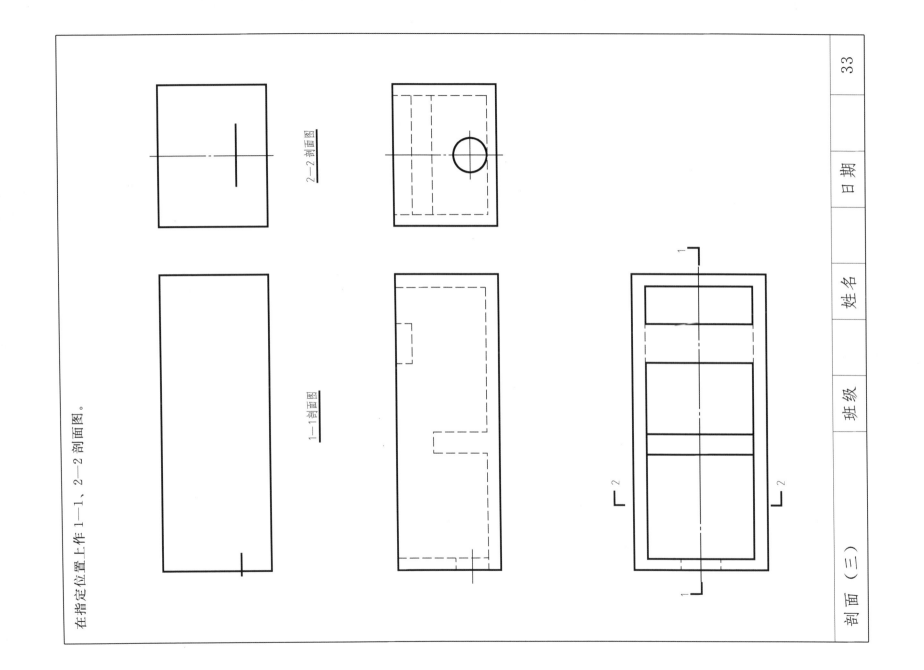

在指定位置上作 1—1、2—2 剖面图。

2—2 剖面图

1—1 剖面图

剖面（三）

班级　　　姓名　　　日期

33

绘出 1—1、2—2、3—3、4—4 断面图。

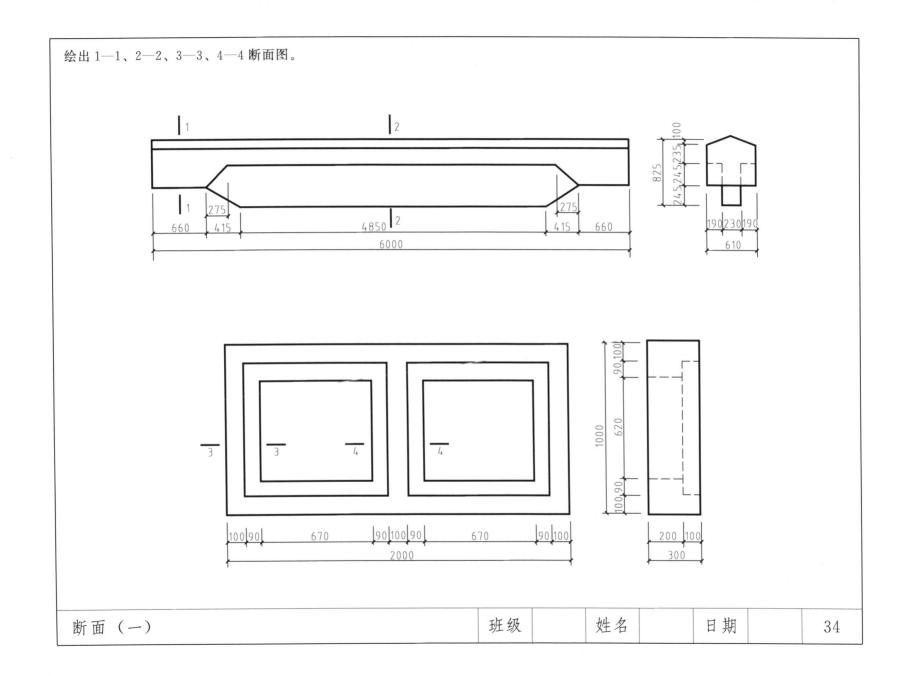

作出指定剖切位置的断面图。

（1）

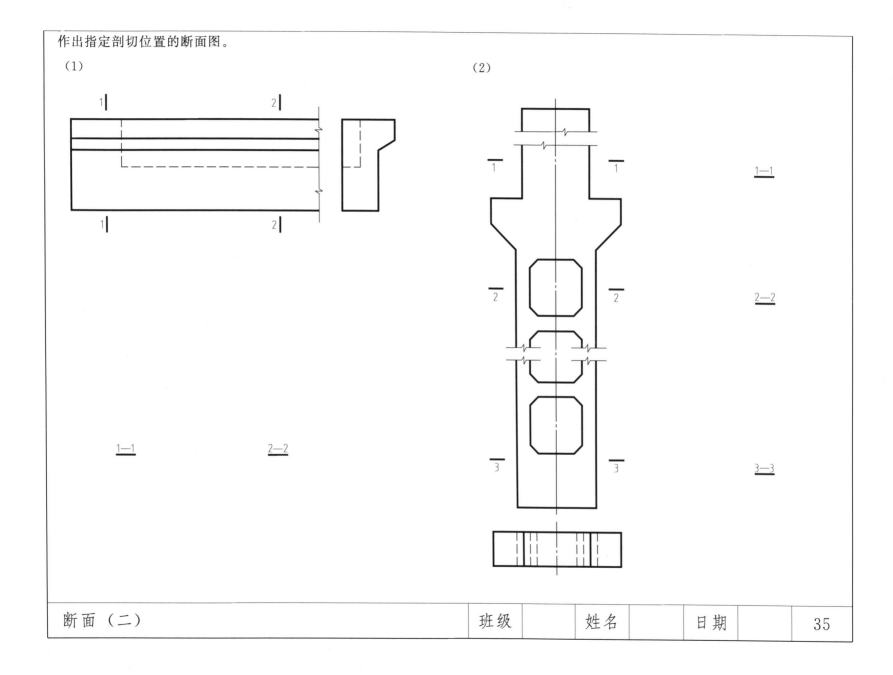

1—1　　　2—2

（2）

1—1

2—2

3—3

建筑施工图自测题

1. 一套建筑工程施工图根据专业的不同可分为_____施工图、_____施工图和_____施工图三部分。

2. 建筑施工图通常是由首页图、总平面图、_____图、_____图、_____图和_____图所组成。

3. 施工图上标高一般采用相对标高。在总平面图上或设计说明中应注明相对标高与绝对标高的关系。绝对标高是指_____；相对标高是指_____。

4. 总平面图主要表示_____的情况。根据这些才能确定新建建筑物的位置，才能有效地安排施工时需要的机械、材料、构配件等堆放场地，以及运输的道路等。

5. 在总平面图上新建建筑的图例是_____，拆除建筑的图例是_____，砖和混凝土围墙的图例是_____。

6. 总平面图上的标高尺寸及新建房屋的定位尺寸，均以_____为单位，精确至小数点后_____位。室外整平地面标高的符号是_____。其他施工图上的非标高尺寸均以_____为单位。

7. 建筑平面图实际上是_____图。它是假想用一个水平的剖切平面，沿着房屋各层_____将房屋切开，移去剖切平面以上部分，向 H 面所作的水平正投影图。

一般说，四层房屋应分别画出_____张建筑平面图。当其二、三层平面布置完全相同时，可只画一张共同的平面图，该平面称为_____平面图。建筑平面图的常用比例为_____。

8. 画出以下各种门开启的平面图例：单扇平开门_____；单扇内外开弹簧门_____；双扇内外开弹簧门_____；双扇门_____；对开折叠门_____；空门洞_____。

9. 画出以下各种窗的立面开启符号：单层固定窗____；外开上悬窗____；中悬窗____；立转窗____；双扇外开平开窗____。

10. 建筑平面图的线型粗细要分明。凡是被水平剖切平面剖切到的墙、柱等断面轮廓用____线表示。平面图中的承重墙、柱、屋架（屋面梁）等必须绘制定位轴线，定位轴线用_____表示，末端画_____。轴线编号：横向的用阿拉伯数字从____至____顺序注写，竖向的用大写____字母从____至____顺序注写，其中____、____、____三个字母不能用于轴线编号。

11. 画出下面要求的符号
(1) 画 D 轴线之后附加的第三根轴线的符号_____；
(2) 画详图在本页、编号为"5"号的索引符号_____；
(3) 画详图在 88J2（一）上第 15 页、编号为"1"的索引符号_____；
(4) 画索引符号在第五张图纸、编号为"3"的详图符号_____；
(5) 画索引符号在本张图纸、编号为"5"的详图符号_____；
(6) 画详图在第七张图纸、编号为"4"，并向下投影的局部剖面索引符号_____。

12. 建筑平面图中的尺寸分外部尺寸和内部尺寸两大类。外部尺寸一般有____道，分别为_____尺寸、_____尺寸和_____尺寸。内部尺寸一般应标注_____及其他应标明的尺寸。此外还应标注各层楼、地面及楼梯休息平台面等标高。

13. 建筑平面图的绘图步骤一般为_____。

14. 建筑立面图是这样形成的：_____。

| 建筑施工图与结构施工图自测题 | 班级 | | 姓名 | | 日期 | | 36 |

15. 立面图一般用三种不同粗细的实线表示：整幢房屋的外形轮廓用____线表示；墙上较小的凸凹（如门窗洞口、窗台、窗楣等）处，以及勒脚、台阶、花池、阳台等轮廓用_____线表示；门窗分格线、墙面装饰分格线等用____线表示。室外地坪线用____线表示。

16. 在立面图中，一般只在房屋的主要部位，如地面、勒脚、窗台、门窗过梁底面及檐口、雨篷底面等处标注_____尺寸。

17. 建筑标高是指_____；结构标高是指_____。

18. 建筑剖面图是这样形成的：_____。其剖切符号画在_____图上。其常用比例为_____。

19. 建筑平面图、剖面图是房屋被剖切后的投影图。因此除画其断面图外，还需将断面之后所看到的部分也画出。当采用1：100的比例时，其中的断面图例可简化，砖墙（在描图纸背面）涂____色表示；现浇钢筋混凝土可涂_____色表示。

20. 楼梯详图通常由_____图、_____图和_____图组成。

结构施工图自测题

1. 表示房屋承重构件的布置、形状、大小、材料、构造等情况的图样，称为_____施工图，简称_____图。它由_____图组成。

2. 预应力空心板的结构代号为_____，楼梯梁为_____，圈梁为_____，沟盖板为_____，雨篷为_____，框架为_____，WL表示_____，Z表示_____，GL表示_____，YT表示_____，TGB表示_____。

3. 画图例
(1) 无弯钩钢筋的搭接_____；
(2) 带半圆钩的钢筋端部_____；
(3) 带直钩的钢筋端部_____；
(4) 带丝扣的钢筋端部_____。

4. 解释
(1) 2Φ18
(2) ϕ6@200
(3) ϕ^b4

5. 钢筋混凝土构件图包括_____图、_____图和_____表等。

6. 基础结构图包括_____图和_____图。

7. 基础平面图是假想用一个水平剖切平面沿房屋_____把整幢房屋剖切后，移去_____后所作的水平投影图。被剖切到的墙、柱轮廓用粗实线表示，基础底边线用____线表示。

8. 基础断面图应标出____、____和基础底面的标高，以明确基础的埋置情况。

9. 楼层结构平面图是假想在该层结构的____面作____后的水平投影图。常用比例是_____。结构构件用_____表示。

10. 在钢筋混凝土构件的配筋图中，外轮廓画成____线，主筋画成____线，箍筋用____线表示。图中钢筋的编号圆的直径为____mm。

11. 问答题
(1) 什么是受力筋、架立筋、分布筋和箍筋？
(2) 写出梁、板、柱和基础的钢筋混凝土保护层的厚度。为什么要设保护层？

已知一单层平顶房屋的平、立、剖面图及门窗表（见下页），要求如下。

1. 补全平面图中的尺寸及轴线编号，确定 1—1 剖面的位置，并画出剖切符号。

2. 补全立面图中的标高，画出外开平开窗的开启方向符号。

3. 补全 1—1 剖面图中漏画的图线。

4. 用 1∶100 的比例补画 2—2 剖面图（不注尺寸及标高，图线层次分明）。

2—2剖面图1∶100

| 房屋平、立、剖面图 | 班级 | 姓名 | 日期 | 38 |

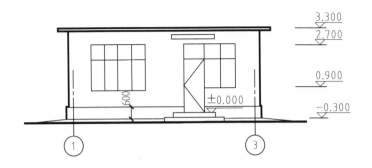

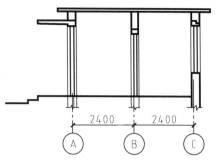

①～③立面图 1:100

1—1剖面图 1:100

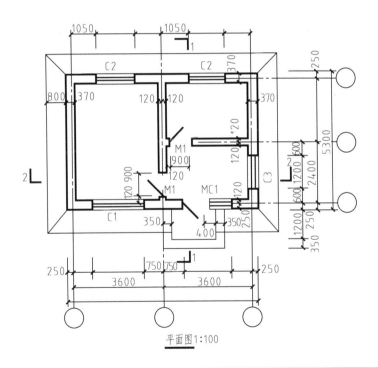

平面图 1:100

门窗表

编号	洞口尺寸（mm）		数量
	宽	高	
MC1	2100	2700	1
M1	900	2400	2
C1	2100	1800	1
C2	1500	1800	2
C3	1200	1800	1

房屋平、立、剖面图

| 班级 | | 姓名 | | 日期 | | 39 |

作业指示

一、目的

学习钢筋混凝土结构图的图示方法。

二、内容

已知条件见作业图样，要求用 A3 图纸画出它的施工图（模板图、配筋图、钢筋详图、钢筋材料表）。

1. 配筋图中的立面图用 1：30，截面图用 1：20 的比例。

2. 钢筋详图用 1：30 的比例。

三、画法和注意事项

1. 图面布置建议如图 1。由于简支梁外形简单，把模板图与配筋图合并（用 1 个立面图和 3 个位置的截面图）。

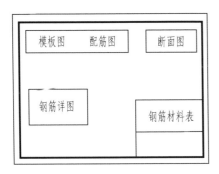

图 1

2. 钢箍在配筋图的立面图中画出 3～4 支即可。

3. 梁中受力钢筋的净保护层取 25mm。

4. 图线线宽层次规定

（1）受力筋及架立筋用粗实线（0.7mm）。

（2）钢箍用粗实线（0.7mm）。

（3）结构外形轮廓线（在配筋图中）用细实线（0.25mm）。

（4）引出线、尺寸界线、尺寸线用细实线（≤0.25mm）。

5. 弯筋长度的计算方法和标注、钢箍的尺寸计算和标注详见教材，标准弯钩长度为 6.25d。

6. 在配筋图中每一种编号的钢筋，只标注 1 次尺寸（直径、根数）。

7. 钢筋材料表格式见图 2，外框用粗实线（0.7mm），内部分格线用细实线（0.25mm）。由于已画钢筋详图，简图中尺寸可省略。

8. 字号

（1）尺寸数字、钢筋编号为 3.5 号字。

（2）材料表中的汉字、截面编号为 5 号字。

（3）图名用 7 号字。

9. 填写图标

（1）图名——钢筋混凝土简支梁。

（2）图号——09。

（3）比例——1：30（截面图的比例 1：20 直接标注在截面图名称的右下侧）。

钢筋材料表

编号	简图	直径	长度	根数	共长

图 2

作业图样

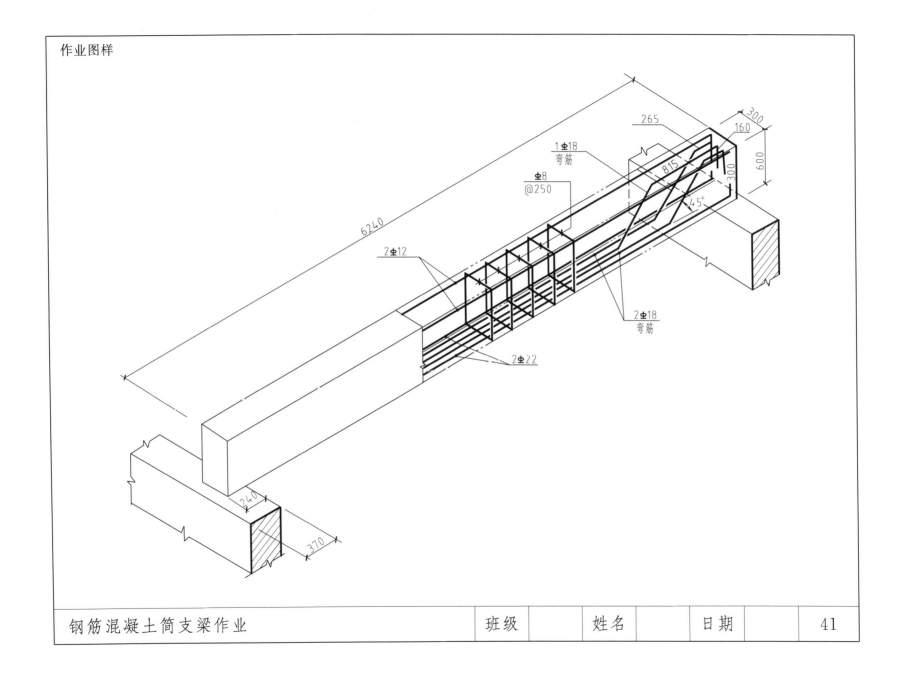

| 钢筋混凝土简支梁作业 | 班级 | | 姓名 | | 日期 | | 41 |

已知条件：标高±0.000 以下房屋基础轴测剖面图。

要求如下。

① 用 1∶60 的比例画出基础平面图。

② 用 1∶30 的比例画出两个位置的基础详图。

③ 墙身用中实线，基础外轮廓线、轴线、尺寸线、
尺寸界线等均用细实线。

④ 尺寸数字用 3.5 号字，轴线编号用 5 号字。

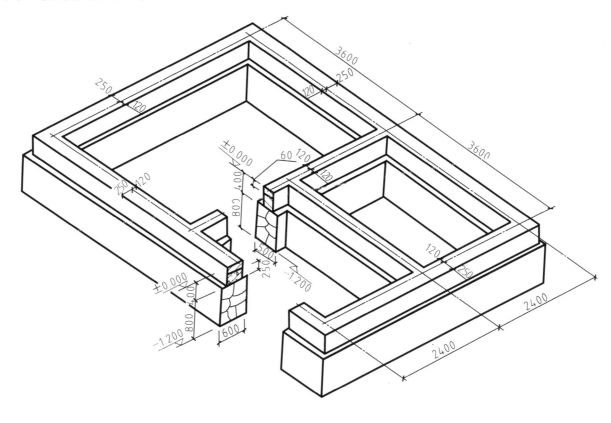

| 基础施工图 | | 班级 | | 姓名 | | 日期 | | 42 |

基础施工图 | 班级 | 姓名 | 日期 | 43

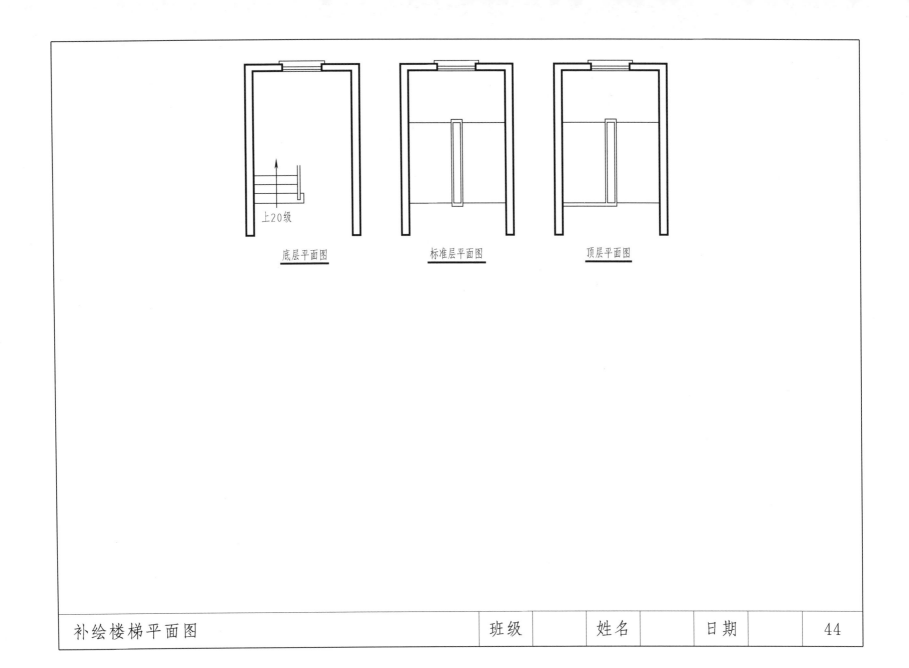

底层平面图   标准层平面图   顶层平面图

上20级

| 补绘楼梯平面图 | 班级 | | 姓名 | | 日期 | | 44 |

抄 图 作 业

第 46～58 页为抄图作业图样。

一、图名

见各图图名。

二、目的

1. 熟悉一般民用建筑施工图的表达内容及图示特点。

2. 掌握绘制建筑施工图和结构施工图的基本方法，符合现行制图标准的要求。

3. 会识读一般建筑工程施工图。

三、图纸

A2 幅面绘图纸铅笔抄绘〔由教师指定作适当次数的描图练习（不少于两次）〕。

四、内容

见各图具体内容。在作业图的右下角画出标题栏。

五、要求

1. 要在读懂图样之后方可开始抄绘。

2. 应按教材中所述的施工图绘图步骤进行抄绘。

3. 绘图时严格遵守《房屋建筑制图统一标准》、《建筑制图标准》和《建筑结构制图标准》的各项规定，如有不熟悉之处，必须查阅标准或教材。

六、说明

1. 建议图线的基本线宽（即粗实线的宽度）b 用 0.7mm，其余各类线的线宽应符合线宽组的规定，同类图线同样粗细，不同类图线应粗细分明。

2. 汉字应写长仿宋字，字母、数字用标准体书写。建议房间名称及其他说明文字用 5 号字，定位轴线编号字用 5 号字，尺寸数字、门窗代号、构件代号用 3.5 号字。在写字前要把文字内容的位置、大小设计好，并打好相应的字格（尺寸数字可只画上下两条横线），再进行书写。图名字写 7 号字。

3. 要注意作图准确、尺寸标注无误、字体端正整齐、图面匀称整洁。

4. 因篇幅所限，如有不详之处，请按大致比例绘制。

抄图作业	班级		姓名		日期		45

抄绘建筑平面图。

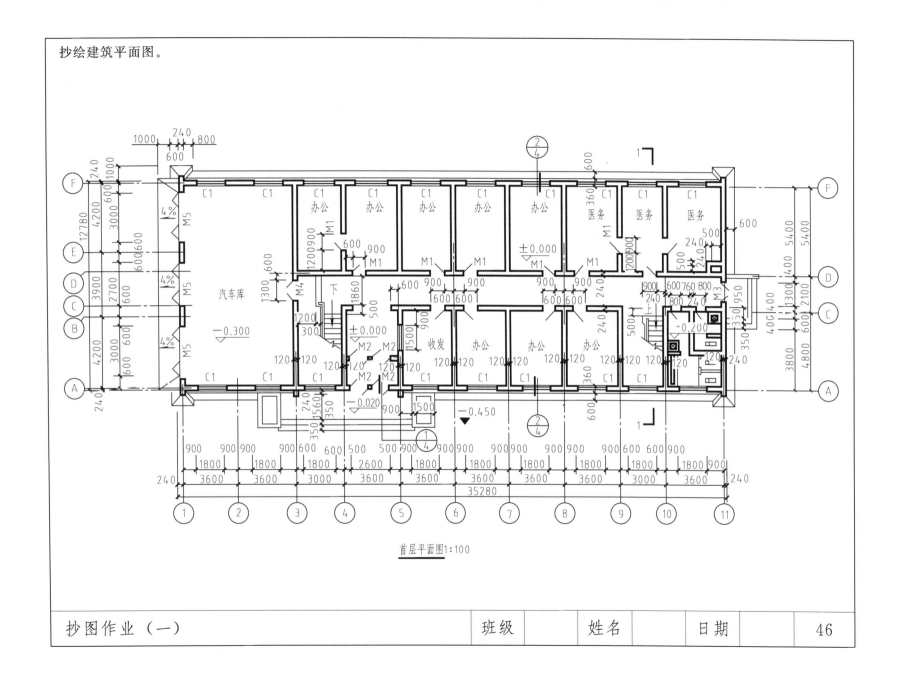

首层平面图1:100

抄图作业（一） | 班级 | 姓名 | 日期 | 46

抄绘建筑立面图。

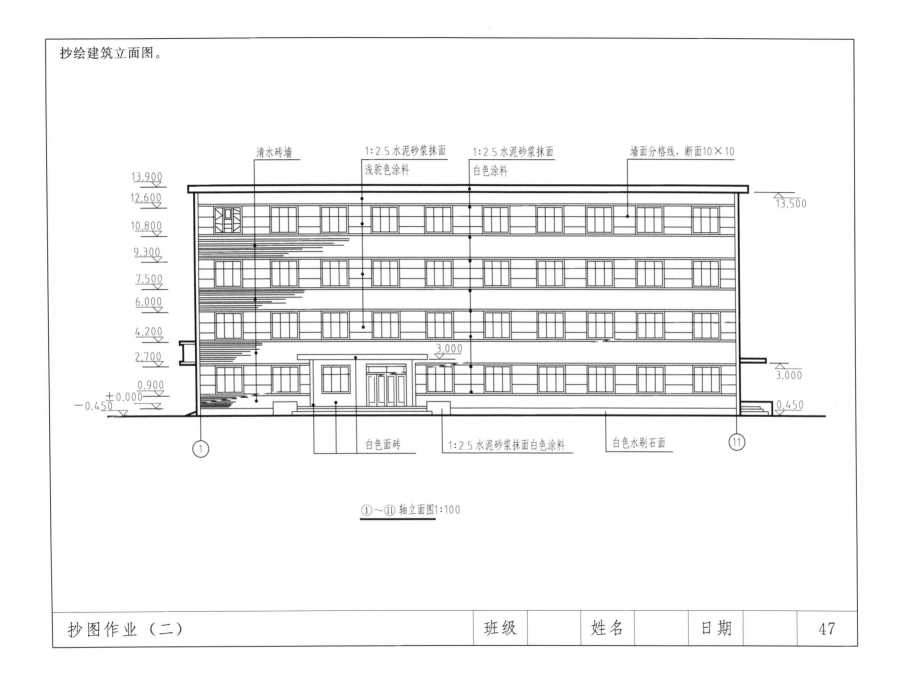

清水砖墙

1:2.5 水泥砂浆抹面
浅驼色涂料

1:2.5 水泥砂浆抹面
白色涂料

墙面分格线，断面10×10

13.900
12.600
10.800
9.300
7.500
6.000
4.200
2.700
0.900
±0.000
−0.450

13.500

3.000

3.000

0.450

白色面砖

1:2.5 水泥砂浆抹面白色涂料

白色水刷石面

①

⑪

①～⑪轴立面图1:100

抄图作业（二）

| 班级 | | 姓名 | | 日期 | | 47 |

抄绘屋顶平面、1—1 剖面及檐口节点图。

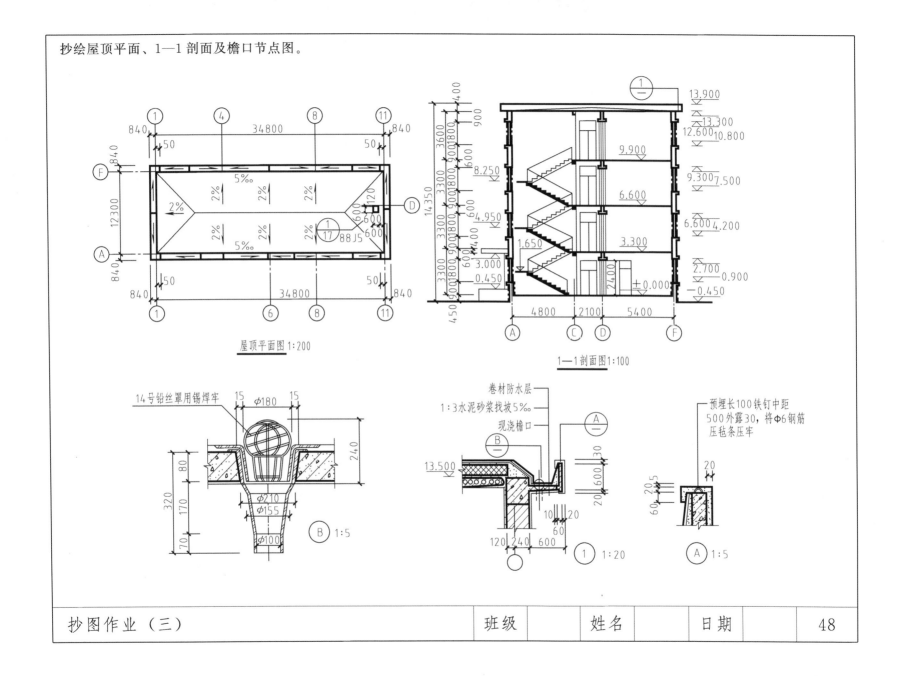

屋顶平面图 1:200

1—1 剖面图 1:100

14号铅丝罩用锡焊牢
φ180
B 1:5
φ210
φ155
φ100

卷材防水层
1:3水泥砂浆找坡5‰
现浇檐口
13.500
1 1:20

预埋长100铁钉中距
500 外露30, 将φ6钢筋
压毡条压牢
A 1:5

抄绘外墙节点①、②详图。

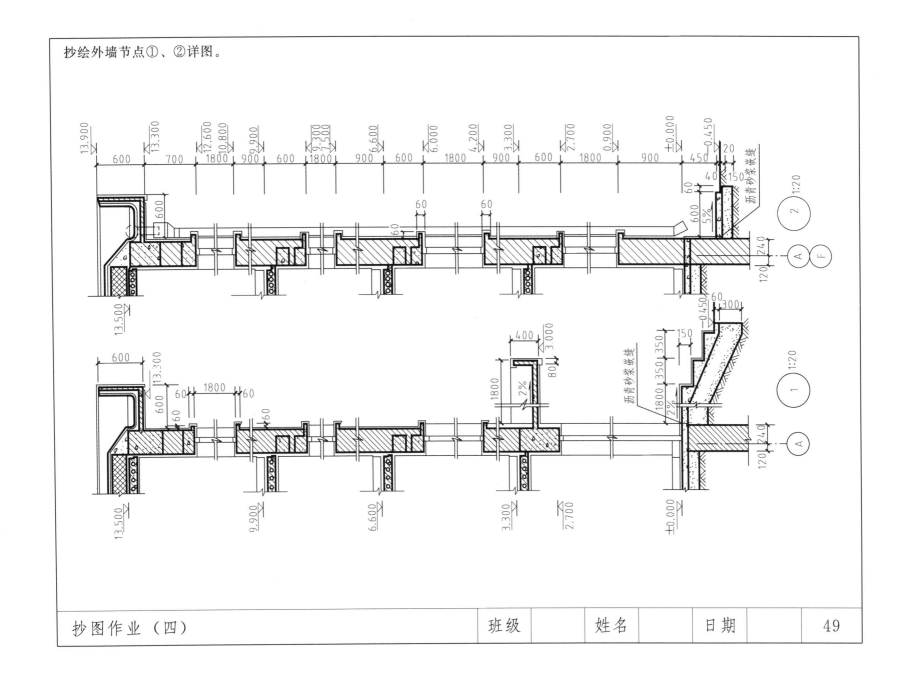

抄图作业（四） | 班级 | 姓名 | 日期 | 49

抄绘楼梯平、剖面图。

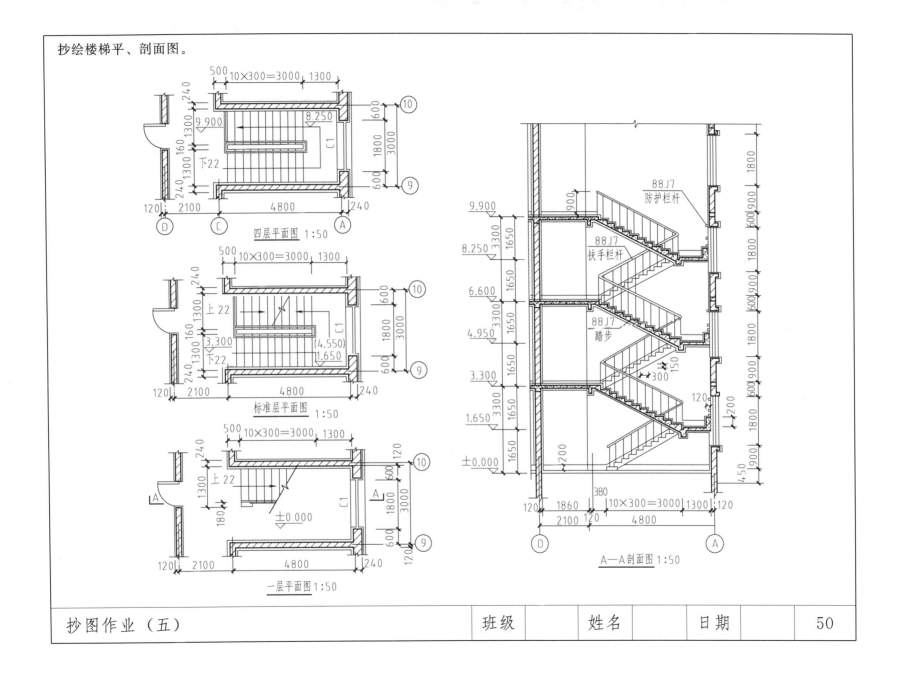

四层平面图 1:50

标准层平面图 1:50

一层平面图 1:50

A—A剖面图 1:50

抄绘基础平面图、详图。

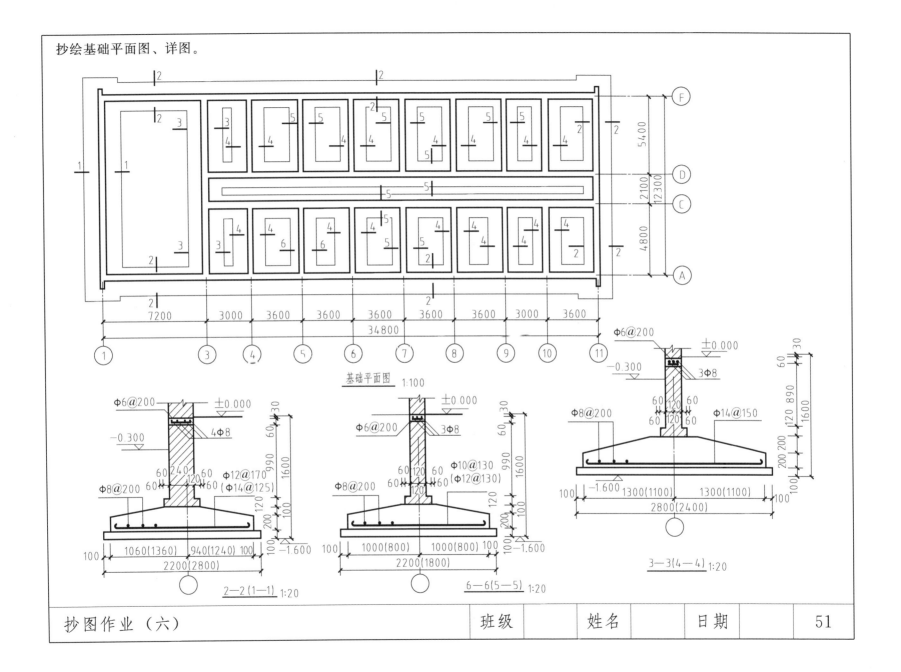

基础平面图 1:100

2—2(1—1) 1:20

6—6(5—5) 1:20

3—3(4—4) 1:20

抄绘二层结构平面图及梁板配筋图。

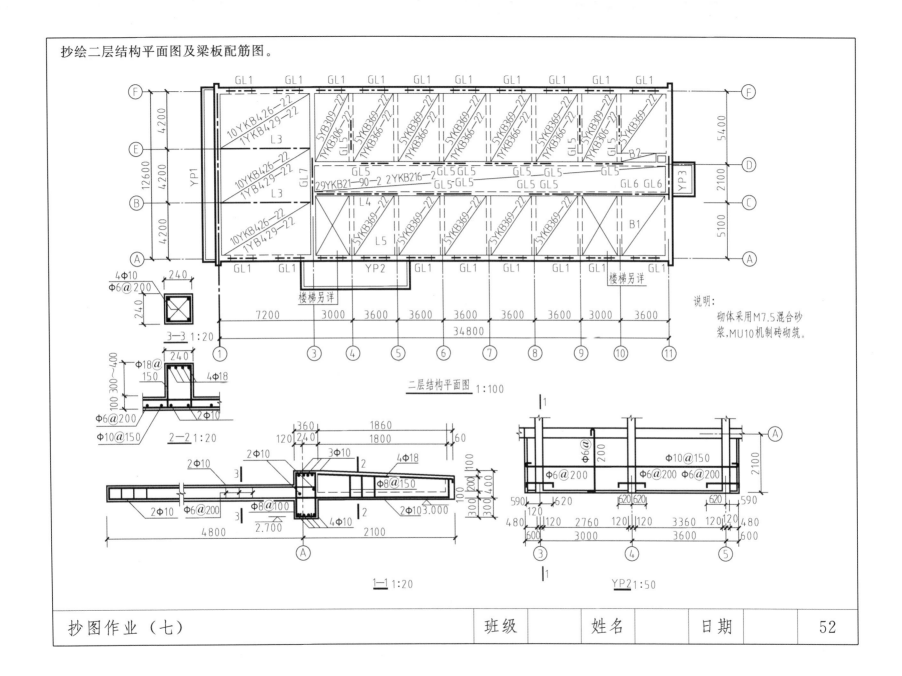

二层结构平面图 1:100

说明:
砌体采用M7.5混合砂浆,MU10机制砖砌筑。

抄绘给水排水平面图。

室内给水排水施工图

一、目的

1. 了解室内给水排水施工图的内容、要求。

2. 熟悉给水排水施工图、平面图的表达方法及系统图的图示原理。

二、要求

1. 用 A3 图幅抄绘如图室内给水排水平面图。

2. 补绘系统轴测图。

3. 系统层高 3.2m，层数 2 层，其余尺寸可参阅课本建筑施工图一章。

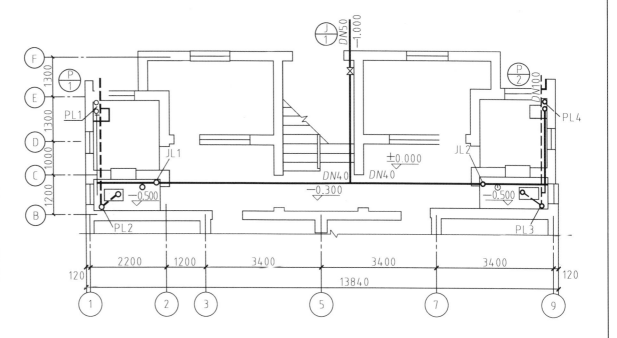

给水排水平面图 1:100

说明：

1. 本图尺寸以mm计，标高以m计。

2. 排水管DN=100，坡度i=0.02且排至室外管网。

| 抄图作业（八） | 班级 | | 姓名 | | 日期 | | 53 |

抄绘室内采暖、电气施工图。

室内采暖施工图作业指示书

一、目的

1. 了解室内采暖施工图的内容和要求。

2. 熟悉采暖施工图的各种图纸表示方式以及绘制施工图时常见图例。

二、内容

抄绘教材中采暖施工图的平面图和系统轴测图。

三、要求

1. 先在 3 张 A2 图幅上用铅笔抄绘，比例 1：100。

2. 然后在描图纸上描绘。

3. 图线：墨线图所有建筑轮廓线宽度约为 0.3mm，采暖主管、干管线宽度约为 0.9mm，其余线宽度约为 0.6mm。

4. 字体：汉字采用长仿宋体，字号为 7 号字，尺寸数字为 5 号字，图标内校名、图名为 10 号字。

室内电气施工图作业指示书

一、目的

1. 了解室内电气施工图的内容和要求。

2. 熟悉电气施工图的各种图纸表达方式，以及绘制施工图时常用符号、图例。

二、内容

抄绘教材中电气施工图的平面图、系统图。

三、要求

1. A2 图幅，铅笔抄绘，比例 1：100。

2. 图线，建筑轮廓线线宽约为 0.4mm，敷设线、设备线线宽约为 0.9mm，其余线宽约为 0.6mm。

3. 汉字用长仿宋体，字号为 7 号字，尺寸数字为 5 号字，图标内校名、图名为 10 号字。

1. 求长方体的阴影。

（1）

（2）

2. 求左长方体在右长方体及墙面上的阴影。

（1）

（2）

阴影（一）　　　　　　　　　　　　　班级　　　　姓名　　　　日期　　　　　55

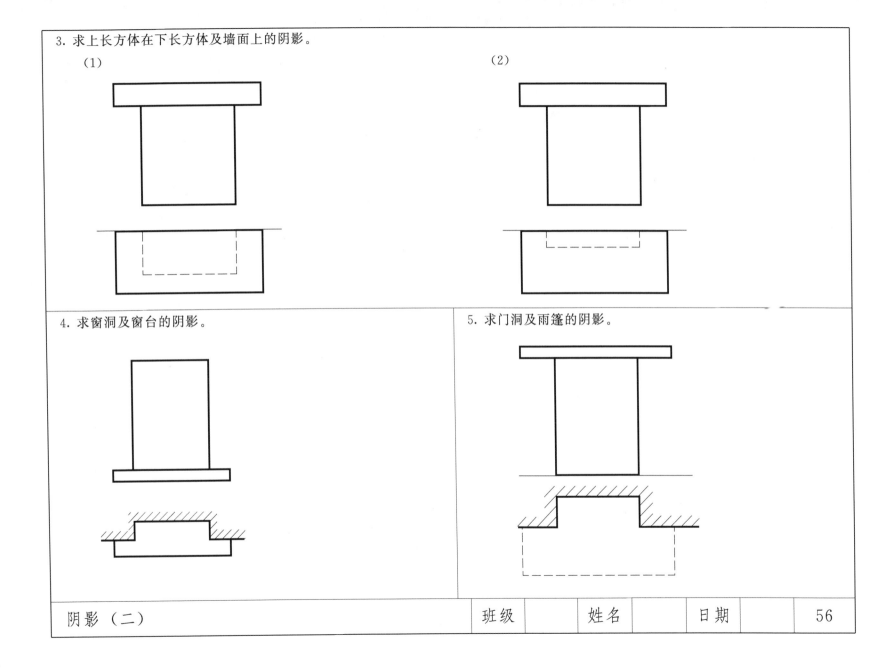

3. 求上长方体在下长方体及墙面上的阴影。

　　（1）

　　（2）

4. 求窗洞及窗台的阴影。

5. 求门洞及雨篷的阴影。

| 阴影（二） | | 班级 | | 姓名 | | 日期 | | 56 |

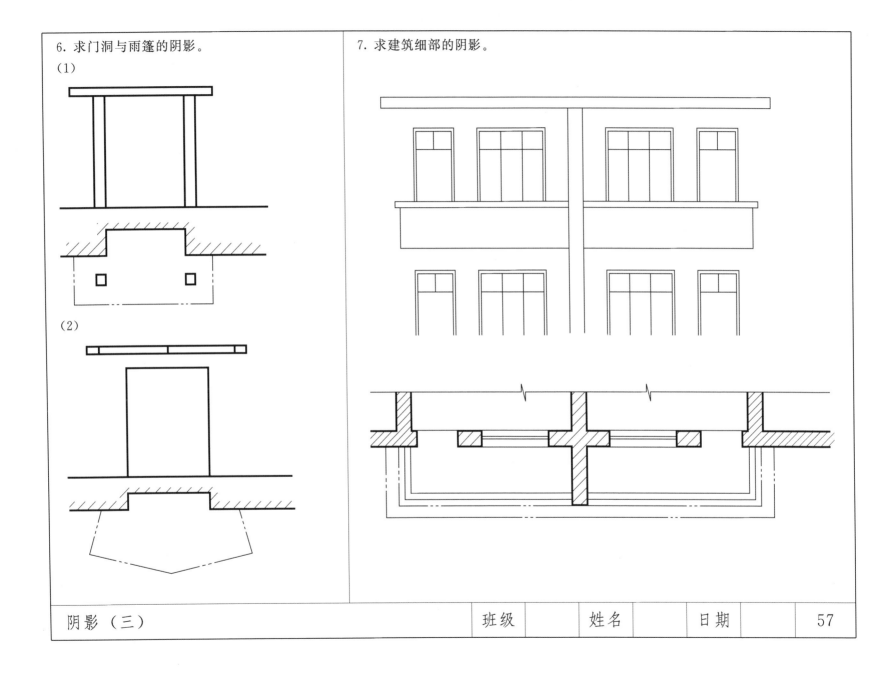

6. 求门洞与雨篷的阴影。

(1)

(2)

7. 求建筑细部的阴影。

阴影（三）　　　　　　　班级　　　姓名　　　日期　　　57

1. 作长方体的透视图。

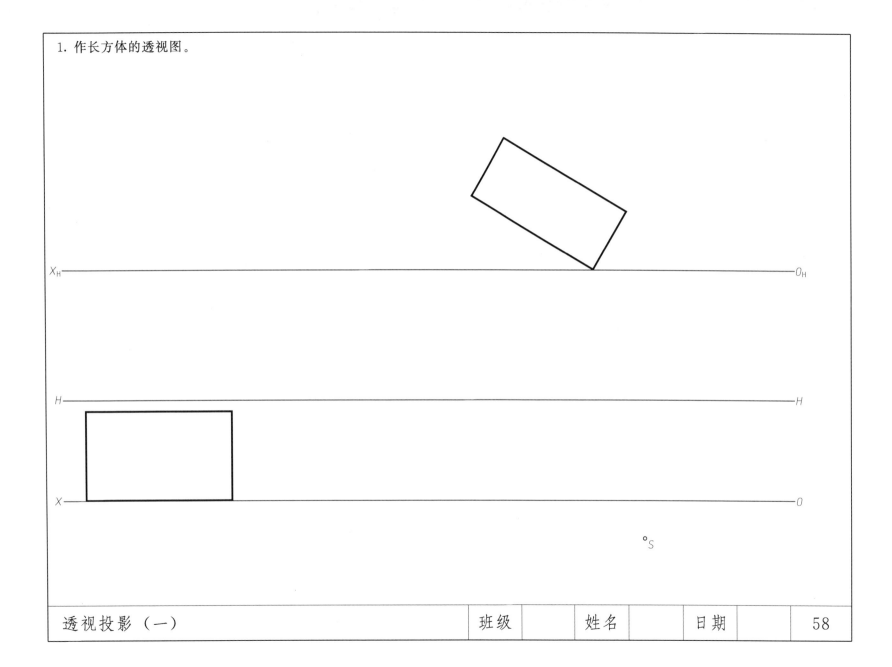

X_H ————————————————————————————— O_H

H ————————————————————————————— H

X ————————————————————————————— O

°$_S$

| 透视投影（一） | 班级 | | 姓名 | | 日期 | | 58 |

2. 作台阶的透视图。

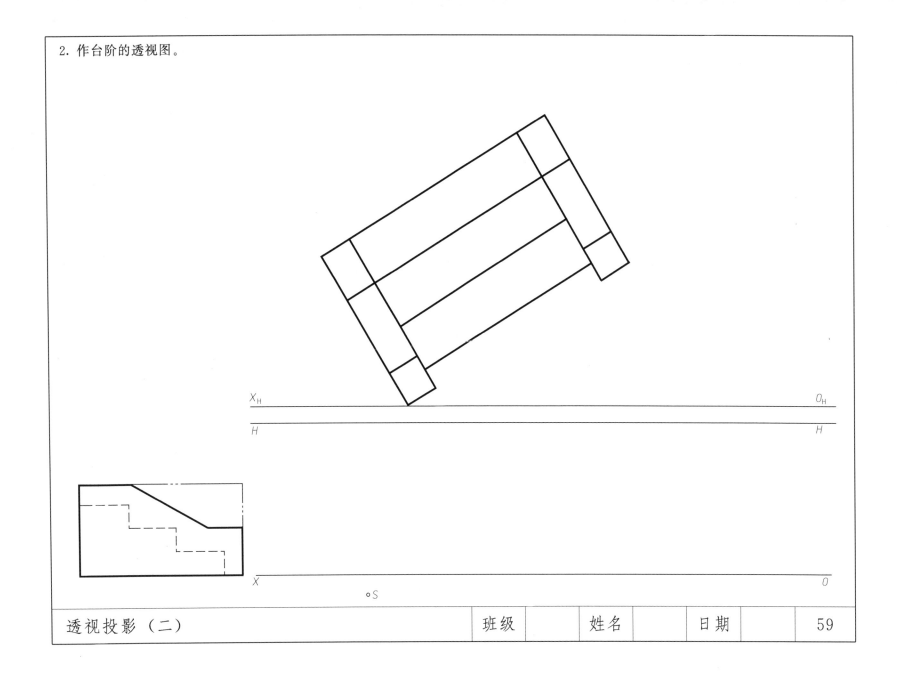

| 透视投影 （二） | | 班级 | | 姓名 | | 日期 | | 59 |

3. 作建筑形体的透视图。

(1)

(2)

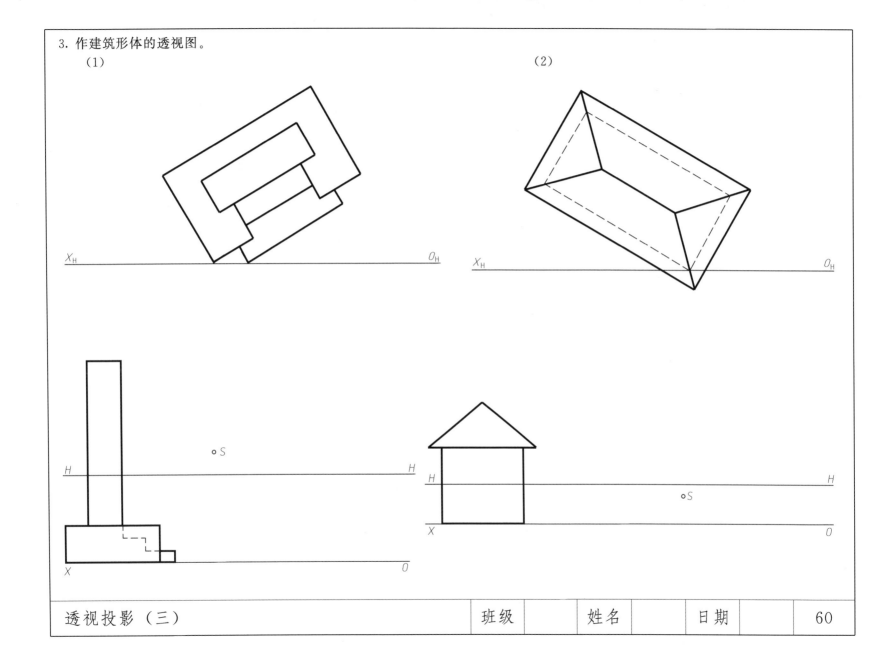

| 透视投影（三） | 班级 | | 姓名 | | 日期 | | 60 |

4. 作房间室内一点的透视图。

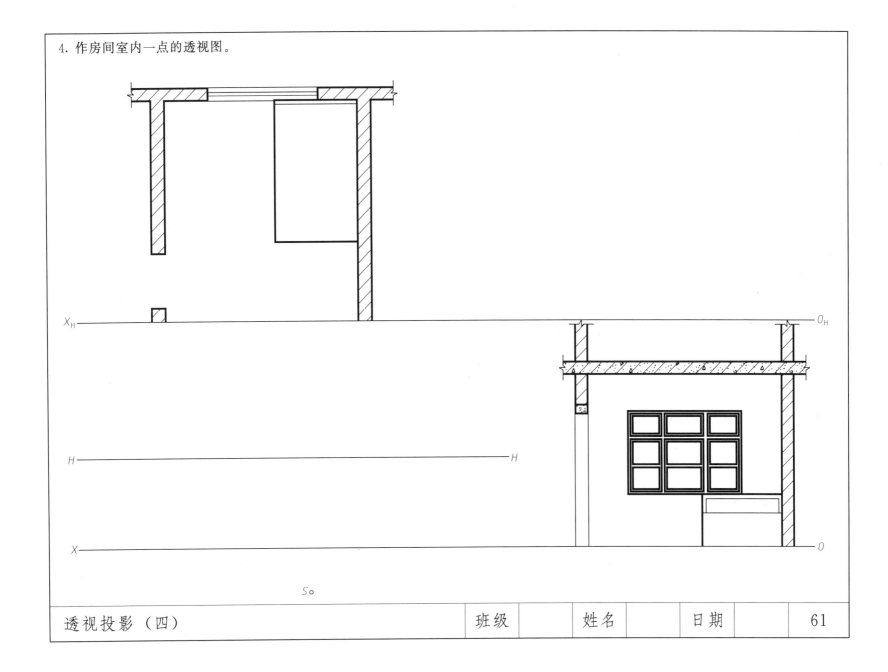

| 透视投影（四） | 班级 | | 姓名 | | 日期 | | 61 |